LED照明 信頼性 ハンドブック 【第2版】

LED照明推進協議会 [編]

日刊工業新聞社

はじめに

　本書を執筆中に嬉しいニュースが飛び込んできました。青色LEDの発明と実用化に対して赤﨑勇、天野浩、中村修二の3氏に2014年のノーベル物理学賞授与が決定した瞬間でした。日本にとって大変喜ばしい名誉であるとともに、その発明を基本に世界中で白色LEDが開発、製品化され、日本発の技術が多くの場面で活用されていることも誇らしいかぎりです。

　人間は、外界の情報の80％を目から得ているといわれています。1日24時間の半分が夜であり暗黒の世界です。昼間でも地下や建物中に入れば太陽光は届かない。そこで生まれたのが人工的な照明です。この照明の世界においても省エネから創エネへのパラダイムシフトが起きています。その引き金役になっているのがLEDの持つ点光源の特性です。

　LED照明は、点光源を正確なシミュレーションで作り上げた光学系を駆使することで、必要な箇所にだけ任意の明るさと色調を持った光を照射できます。従来の照明を少々大袈裟に表現するなら、あたかも小さなコップに大きなバケツに入った水を注ぎ入れるようにコップの周りに水をこぼしていた、ということになるのかも知れません。

　夜の地球の映像を見たことがありますか？宇宙から見た夜の地球は、経済活動の中心地だけが明るく光って見え、宇宙空間に多くの光エネルギーをまき散らしているといっても過言ではありません。このようなエネルギーは、最小限に抑えるべきでありLED照明がそれに必ずや貢献するものと確信しています。

　我々LED照明推進協議会メンバーには、LED照明の源流となるLEDチップから、それらをアッセンブリーするための多種多様な素材、光学的な設計プログラム、製品を作り上げる装置、駆動電源、高い信頼性と品質を保証するための検査装置等の関係業界の方々が一同に揃っており、10年後の人たちが見ても

恥ずかしくないLED照明機器であるための設計環境を作っています。

本書は、LED照明が抱える問題点を解説し、それを解決するための手段まで記載するようにしました。例えば、LEDチップの発光側表面の熱密度は、焼き肉などで使うホットプレートの表面熱密度の5倍以上です。この過酷な環境で十分耐える封止材の選定が重要になります。選定すべき封止材の種類や特性の比較を掲載する事で設計者へのアドバイスとしています。2008年の初版本が発行された時には、まだ使われていなかった材料や用途も紹介しています。

LEDは、『常に突然変異を繰返す種子』のように新たな形に変わり、その信頼性を増してきています。

今回、本書を出版するに当たり、LED照明推進協議会の会員企業だけでなく、国内外の多くの企業・団体の方々に執筆を頂きました。これも日本発のLED照明がなせる業であり、多くの技術者が襟を正してLED照明を設計するための指針として、この本を活用してもらうことを願っています。

特定非営利活動法人LED照明推進協議会
理事長　宮本　康司

[目次]

第1部　基礎編

第1章　総論
- 1.1　LEDの特徴 …………………………………………………………14
  - 1.1.1　従来光源との違い ……………………………………………14
  - 1.1.2　白色LEDの寿命を決める要因 ………………………………15
  - 1.1.3　白色LEDに望まれる品質 ……………………………………16
  - 1.1.4　白色LEDモジュールに望まれる品質 ………………………17
  - 1.1.5　LED照明器具に望まれる品質［屋内］ ……………………29
  - 1.1.6　LED照明器具に望まれる品質［屋外］ ……………………31
- 1.2　LED照明の寿命 ……………………………………………………34
  - 1.2.1　LEDパッケージの故障 ………………………………………34
  - 1.2.2　LEDパッケージの光束維持率低下 …………………………36
  - 1.2.3　その他の構成部材の寿命 ……………………………………38
- 1.3　白色LEDの各部材の解説 …………………………………………40
  - 1.3.1　白色LEDパッケージ構成例／小形LED製品 ………………41
  - 1.3.2　使用時の留意点 ………………………………………………42

第2章　劣化のメカニズム
- 2.1　劣化の1次要因 ……………………………………………………48
  - 2.1.1　温度(熱) ………………………………………………………49
  - 2.1.2　光 ………………………………………………………………52
  - 2.1.3　電気 ……………………………………………………………53
    - (1)　通電量 …………………………………………………………53
    - (2)　サージ …………………………………………………………54
    - (3)　突入電流 ………………………………………………………55

2.2 劣化の2次要因 …………………………………………………56
2.2.1 機械的要因 ……………………………………………56
(1) LEDチップに掛かる応力による結晶歪みや欠陥の増長 …………56
(2) LEDパッケージ内部の断線 ………………………………58
(3) 剥離 ……………………………………………………58
(4) 樹脂クラック ……………………………………………59
(5) はんだクラック …………………………………………59
2.2.2 物性的要因 ……………………………………………60
(1) 樹脂の変色・変質 ………………………………………60
(2) 金属マイグレーション …………………………………60
(3) ウィスカ …………………………………………………61

2.3 劣化の3次要因 …………………………………………………63
2.3.1 環境温度 ………………………………………………63
2.3.2 環境雰囲気 ……………………………………………63
(1) 湿気による電極酸化・樹脂膨張 …………………………63
(2) 硫化腐食 ………………………………………………64
(3) 塩分腐食 ………………………………………………64
2.3.3 振動 ……………………………………………………64
2.3.4 静電気 …………………………………………………65
(1) 静電気の発生要因 ………………………………………65
(2) 静電気による故障モード ………………………………65
(3) 対策 ……………………………………………………65

2.4 電源に関する要因 ………………………………………………67
2.4.1 交流点灯方式 ……………………………………………67
2.4.2 定電圧点灯方式 …………………………………………69
2.4.3 定電流点灯方式 …………………………………………70
2.4.4 デューティー制御方式(パルス点灯方式) ………………71

第3章　各部材の諸特性

3.1　青色LEDチップ ……………………………………………………………74
　3.1.1　基本構造 ………………………………………………………………74
　3.1.2　青色LEDチップの劣化・故障要因 …………………………………75
　　(1)　温度(発熱) …………………………………………………………75
　　(2)　電気的ストレスによる故障 ………………………………………77
　3.1.3　実装方法と放熱性 ……………………………………………………77
　　(1)　WBタイプ …………………………………………………………77
　　(2)　FCタイプ …………………………………………………………80
　3.1.4　実装方法に応じた留意点 ……………………………………………81
3.2　蛍光体 ………………………………………………………………………82
　3.2.1　蛍光体が使用される各種の白色LEDの特性 ………………………82
　　(1)　青色LEDチップと黄色蛍光体を組合わせたタイプ ……………82
　　(2)　青色LEDチップと緑色蛍光体および赤色蛍光体を組合わせたタイプ …83
　　(3)　近紫外もしくは紫LEDチップと青・緑・赤色蛍光体を組合わせたタイプ …84
　　(4)　蛍光体入りシリコーン系シート ……………………………………84
　　(5)　ナノ蛍光体 …………………………………………………………85
　3.2.2　蛍光体の信頼性に影響を及ぼす因子 ………………………………85
　　(1)　湿度 …………………………………………………………………85
　　(2)　熱 ……………………………………………………………………86
　　(3)　光 ……………………………………………………………………88
　3.2.3　信頼性改善方法 ………………………………………………………89
　　(1)　化学組成 ……………………………………………………………89
　　(2)　粒径 …………………………………………………………………90
　　(3)　表面処理 ……………………………………………………………90
3.3　封止材＆チップ接着剤 ……………………………………………………91
　3.3.1　材料・部品の物性および特性(性能) ………………………………91

3.3.2 各材料の特徴(利点・欠点) ……………………………………93
　(1) 封止材 …………………………………………………………93
　(2) チップ接着剤 …………………………………………………95
3.3.3 封止材＆接着剤の信頼性確保のための留意点 ………………96
　(1) 1次的要因について……………………………………………96
　(2) 2次的要因について……………………………………………98

3.4 樹脂ケース、リードフレーム ……………………………………101
3.4.1 樹脂ケース ……………………………………………………101
3.4.2 樹脂ケースの設計上の留意点 ………………………………103
　(1) 金属との線膨張係数の差 ……………………………………103
　(2) 形状と構造 ……………………………………………………104
　(3) 樹脂ケースの材質 ……………………………………………104

3.5 セラミックスパッケージ …………………………………………106
3.5.1 光に対する留意点 ………………………………………………107
3.5.2 熱に対する留意点 ………………………………………………108
3.5.3 その他の留意点 …………………………………………………110

3.6 基板 ……………………………………………………………………111
3.6.1 基板の種類について ……………………………………………111
3.6.2 各種基板の概要および構造について …………………………113
　(1) 樹脂系(リジッド基板)材料の概要および構造 ……………113
　(2) フレキシブル基板材料の概要および構造 …………………114
　(3) セラミックス基板の概要および構造 ………………………116
　(4) 金属コア基板の概要および構造 ……………………………118
　(5) 金属ベース基板の概要および構造 …………………………119
3.6.3 信頼性確保のための留意点 ……………………………………120
　(1) 金属コア基板/1次要因(熱)による信頼性低下 ……………120
　(2) 金属ベース基板/1次要因(熱)による信頼性低下 …………120

           (3) 金属ベース基板/2次要因(ヒートサイクル特性)による信頼性低下 ………… 122
　3.7　光学部品 …………………………………………………………………………… 124
　　3.7.1　熱可塑性透明樹脂の性質 ……………………………………………… 125
　　3.7.2　温度(熱)による特性変化 ……………………………………………… 126
　　　(1) 全光線透過率 ………………………………………………………… 126
　　　(2) 屈折率 …………………………………………………………………… 126
　　　(3) 線膨張係数 …………………………………………………………… 127
　　　(4) 熱伝導率 ……………………………………………………………… 127
　　　(5) 機械的性質 …………………………………………………………… 128
　　3.7.3　光による特性変化 ……………………………………………………… 129

第2部　実務編

第1章　寿命推定の基礎

　1.1　寿命の推定 ………………………………………………………………………… 134
　1.2　実際の動作試験データ …………………………………………………………… 136
　1.3　寿命推定の精度(加速試験との比較) …………………………………………… 138
　1.4　故障の予測 ………………………………………………………………………… 139

第2章　加速試験

　2.1　電流加速試験 ……………………………………………………………………… 142
　2.2　温度加速試験による評価 ………………………………………………………… 143
　　2.2.1　アレニウスモデル ……………………………………………………… 144
　　2.2.2　アレニウスプロットによる予測 ……………………………………… 145
　　2.2.3　アレニウスプロットと寿命推定の計算例 …………………………… 147
　2.3　温湿度加速度試験 ………………………………………………………………… 151
　　2.3.1　アイリングモデル ……………………………………………………… 151

第3章　ジャンクション温度の推定方法

3.1　ΔV_f法 …………………………………………………………………156
3.1.1　$T_j - V_f$関係 ………………………………………………………156
3.1.2　実使用におけるT_jの推定 ………………………………………157
3.2　熱抵抗法 ………………………………………………………………159

第4章　光劣化のメカニズム

4.1　青色LEDチップの光劣化 ……………………………………………165
4.2　樹脂材料の劣化(透過率／反射率の低下) ……………………………166
4.3　金属表面の劣化(反射率低下／腐食) …………………………………170

第5章　試験方法

5.1　温湿度および低温環境試験 ……………………………………………172
5.1.1　低温(耐寒性)試験(参照規格:JIS C 60068-2-1) ………………172
5.1.2　高温(耐熱性)試験(参照規格:JIS C 60068-2-2) ………………172
5.1.3　高温・高湿定常試験(参照規格:JIS C 60068-2-78) …………173
5.1.4　温度変化(サイクル)試験(参照規格:JIS C 60068-2-14) ……174
5.2　光の測定方法 …………………………………………………………175
5.2.1　全光束 ……………………………………………………………176
5.2.2　光度 ………………………………………………………………177
5.2.3　配光特性 …………………………………………………………179
5.2.4　光源色 ……………………………………………………………179
5.3　機械的強度試験 ………………………………………………………183
5.3.1　振動／衝撃／落下試験 …………………………………………183
5.3.2　はんだ耐熱試験 …………………………………………………184
5.4　電気試験 ………………………………………………………………185
5.4.1　絶縁耐圧試験 ……………………………………………………185

5.5 EMC(電磁両立性)試験 ···187
　5.5.1　EMS(イミュニティ)試験 ···187
　5.5.2　EMI(エミッション)試験 ···189
5.6 屋外環境(耐候性)試験 ···193
　5.6.1　サンシャインカーボンアーク式耐候性試験機 ·················193
　5.6.2　キセノンランプ式耐候性試験機 ·································194
　5.6.3　メタルハライドランプ式耐候性試験機 ·······················196
　5.6.4　紫外線蛍光ランプ式耐候性試験機 ·····························197
　5.6.5　屋外集光式促進暴露試験機 ·······································197
　5.6.6　外部光による劣化の試験例 ·······································198
　5.6.7　まとめ ··199
5.7 その他の環境試験 ···200
　5.7.1　塩水噴霧試験 ···200
　5.7.2　防水/防塵性能試験 ···202
5.8 生体安全性試験 ··203
　5.8.1　光の生体安全性と重要性 ··203
　5.8.2　光の生体安全性リスク評価のための国際規格(IEC／CIE規格)の概要···204
　5.8.3　有効放射照度(または有効放射輝度)の算出方法 ···········208
　5.8.4　国際規格によるリスク・グループ区分の方法 ··············208

第6章　関連規格

6.1 LED照明における測光・測色・寿命についての規格・試験方法 ······212
　6.1.1　LEDおよびLEDモジュール ··212
　6.1.2　LEDランプおよびLED照明器具 ·································212
6.2 LED照明における信頼性についての規格・試験方法 ···········213
　6.2.1　熱的環境試験 ···213
　6.2.2　機械的環境試験 ··213

6.2.3　ノイズ環境試験 ……………………………………………213
　　　6.2.4　外郭による保護等級 …………………………………………213
　　　6.2.5　その他の環境試験 ……………………………………………213
　6.3　LED照明における安全性についての規格・試験方法 …………214
　　　6.3.1　LEDおよびLEDモジュールの電気的・機械的安全性 ………214
　　　6.3.2　LEDランプおよびLED照明器具の電気的・機械的安全性 …214
　　　6.3.3　生体安全性 ……………………………………………………214
　　　6.3.4　電気用品安全法 ………………………………………………215
　6.4　LED照明における性能および製品についての規格・試験方法 …216
　　　6.4.1　LEDおよびLEDモジュール …………………………………216
　　　6.4.2　LEDランプおよびLED照明器具 ……………………………216

コラム

LED照明の導入で安全・安心・健康生活の実現を ………………………45
屋外LED表示装置への防水加工 …………………………………………100
LEDで植物栽培－その1 …………………………………………………140
LEDで植物栽培－その2 …………………………………………………154
過渡熱抵抗測定 ……………………………………………………………161
可視光通信 …………………………………………………………………217

LED照明技術と推進協議会の活動 ………………………………………219
LED照明推進協議会　会員企業一覧 ……………………………………220
執筆協力企業一覧 …………………………………………………………238
索引 …………………………………………………………………………240
執筆者一覧（第2版）………………………………………………………244
執筆者一覧（第1版）………………………………………………………245

第1部 基礎編

　近年、発光ダイオード(LED)の性能向上に伴い、多様な製品へ利用が拡大している。そこで、第1部では、LEDを活用される様々な分野の開発者の方へ、白色LEDパッケージ・ランプモジュールの正しい姿(特性、特徴、信頼性)、正しい使い方(設計基準、使用環境、使用上の留意点)を理解して頂く手助けとして、パッケージ・ランプモジュールの寿命を左右する現象を構造・材料に焦点を置き解説する。

(構成)
第1章「総論」では、白色LED光源の特徴と信頼性の概念、およびパッケージ・ランプモジュールの構造を解説する。
第2章「劣化のメカニズム」では、信頼性を左右する現象を要因別に解説する。
第3章「各材料の諸特性」では、パッケージ・ランプモジュールを構成する材料の物性解説と使用上の留意点について解説する。

LIGHT EMITTING DIODE

●●●第1章●●●

総 論

この章では白色LEDパッケージ・ランプの信頼性を解説する上で必要な、
1)白色LEDの特徴と照明に利用されるに至る経緯、半導体光源としての寿命要因や望まれる品質
2)LED照明の寿命の定義
3)代表的な白色LEDパッケージ・ランプモジュールの構造
について説明する。

1.1 LEDの特徴

 光源としての白色LEDは、携帯電話用バックライトなど小型光源から応用が広がってきた。全光束と発光効率の関係から見た白色LEDランプと既存光源の位置づけを図1.1-1に示す。この図に示すように、白色LEDランプは、全光束、発光効率とも既存光源を上まわり照明用光源の主役として開発が進んでいる。

 白熱電球や蛍光灯などの既存光源と比較した白色LEDの特徴としては、1)高信頼・長寿命、2)高発光効率、3)低発熱量、4)高速応答、5)耐衝撃性、6)小型・軽量、7)耐環境性、などがあげられる。これらの特徴のなかで長寿命に関しては、真空管の代替として半導体を用いたトランジスタが発明されたときにも"永久寿命"といわれたが、実はいろいろな故障モードにより特性劣化が生じたことと同様に白色LEDでも特性劣化が生じる。

1.1.1 従来光源との違い

 白色LEDの寿命は、白熱電球のようにフィラメントが断線することで決まるのではなく、点灯時間に伴って構成部材が劣化し、光束などの特性が初期値より低下することによって決まる。劣化する部分は白色LEDを構成するLEDチップ、蛍光体、樹脂ケース、封止樹脂などに分けて考える。従来、樹脂封止した白色LEDの場合、封止材料の透明樹脂が光と熱により劣化することが光束減衰や特性変化の主要因であったが現在は改善が進んでいる。

 設計寿命期間にわたり光束減衰や特性変化を一定の許容値以内に収めるため

発光効率: 光源が発する全光束を、その光源の消費電力で除した値。消費電力1Wあたりの光束値〔lm(ルーメン)〕を示す。
光量: 光源から出る光の量。照明分野では光束〔lm〕や光度〔cd〕で取扱われる。
封止樹脂: 外部環境から半導体チップを保護するための樹脂。LEDでは実装されたチップからの光取出し効率を考慮した形状で封止される。

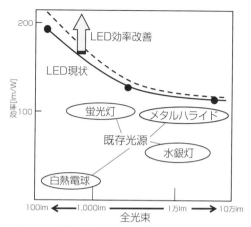
図1.1-1 既存光源とLEDの比較と今後の方向性

には使用波長、光量、動作温度を材料特性で許される範囲内に抑える必要がある。とくに白色LEDの照明用途への応用では、大電流印加という過酷な使用条件で長寿命・高信頼性を確保することが重要となっており、実際使用する白色LEDモジュールやシステムでも信頼性・寿命を確保するためには他光源と異なる白色LEDの特徴を把握する必要がある。さらにいえば、本来高信頼性・長寿命という優れた特徴をもつ白色LEDでも使用上の注意を守らないと寿命を著しく縮めることにつながる。

1.1.2　白色LEDの寿命を決める要因

　LED照明に用いられる白色LEDの寿命は、使用電流、発光波長、放熱性などの要因により大きく左右される。このなかで発光波長に関しては短波長成分が樹脂劣化の原因となるが、最も考慮すべき要因は熱である。この熱に関しては、使用電流と放熱性について他光源とは異なる白色LEDの特徴を把握する必要がある。白熱電球では可視光以外のエネルギーのほとんどが赤外線で放射されるのに対し、白色LEDは消費する電力のうち可視光に変換されるのは数十％程度であり、その他は直接熱となる。また白色LEDは他光源に比べ小型のため

空間的に狭い領域に熱が集中し、環境温度が高い場合や放熱性が悪いパッケージやモジュールでは寿命が加速的に低下するため放熱設計に留意する必要がある。さらにLEDシステムでは、数多くのLEDが高密度に配置されることがあり、システムを構成する部材の熱管理が重要となる。

このほか、一般電子機器と同様に湿度(水分)に対する保護、振動防止、静電気対策も信頼性確保には配慮すべき項目である。とくに白色LEDは一般に静電気に対して弱いので、製造時や使用時に白色LEDに加わる静電気ストレスからLEDチップを守る設計や対策が必要となる。

1.1.3　白色LEDに望まれる品質

世界的な環境意識の高まりによる省エネの要望により、照明として「高効率化」が重要な品質となっている。このような状況を踏まえ、照明用途の白色LEDに望まれる品質として以下の3つが考えられる。

①高効率：白色LEDは既存光源を上回る効率が得られるため、照明用途への普及が進んでおり、さらなる効率改善が進んでいる(図1.1-1)。また、発生する熱を抑えることもできるため、放熱設計の簡素化によるシステムの低コスト化にも寄与する。

②各部材の寿命向上：LEDの初期の明るさをできるだけ長く維持させる各部材の寿命向上が必要とされている。また不点灯故障が発生しないようにオープン・ショート系の信頼性向上も重要である。

③特性のバラツキ低減：照明用途では、複数個の白色LEDを使用するため、光量や色度、順方向電圧がバラつくことにより、照明としての質が低下する。現状では、LEDのランク指定やランク選別による組合せで対応しているが、コストアップの問題がありLED相互での特性のバラつき低減が望まれている。

1.1.4　白色LEDモジュールに望まれる品質

(1)　LEDモジュールの定義

　LEDモジュールの定義はJIS C 8155「一般照明用LEDモジュール－性能要求事項」、JIS C 8154「一般照明用LEDモジュール－安全仕様」IEC62717「LED modules for general lighting - Performance requirements」によれば以下の通りである。

　照明用白色LEDパッケージ単体を基板などに実装するか、または複数のLEDパッケージを平面的もしくは立体的に配列して、機械的、電気的制御回路もしくはその一部、および光学的に多数の要素で構成して、一つのユニットとして取り扱えるようにしたもの、またはその集合体。LEDモジュールの分類は制御装置を内蔵するかしないか、器具への組込かたがどうなっているかの大きく2種類の分類方法がある。

　ひとつは制御装置を内蔵するかしないかで

　ア．制御装置内蔵形LED モジュール(integrated LED-module)

　イ．制御装置一部内蔵形LED モジュール(semi-integrated LED-module)

　ウ．制御装置非内蔵形LED モジュール(non-integrated LED-module)

の3つに分類される。

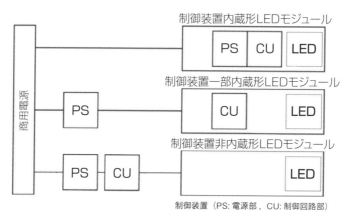

制御装置（PS: 電源部，CU: 制御回路部）

図1.1.4-1 JIS C 8154/IEC 62717による分類

これらは図1.1.4-1と表1.1.4-1のようになる。(JIS C 8154/IEC 62717による分類)
もう一つは、照明器具への組込方法で
 a. 器具一体形LEDモジュール (integral LED module)
 b. 器具組込み形LEDモジュール (built-in LED module)
 c. 独立形LEDモジュール (independent LED module)
の3つに分類される。
上記の組合せにより表1.1.4-2のような分類ができる。

表1.1.4-1 IEC 62717による分類

ア	<制御装置内蔵形> Self-ballasted LED modules for use on d.c. supplies up to 250 V or on a.c. supplies up to 1 000 V at 50 Hz or 60 Hz;
イ	<制御装置一部内蔵形> LED modules operating with external controlgear connected to the mains voltage, and having further control means inside ("semi-ballasted") for operation under constant voltage, constant current or constant power;
ウ	<制御装置非内蔵形> LED modules where the complete controlgear is separate from the module for operation under constant voltage, constant current or constant power.

表1.1.4-2 LEDモジュールの分類

制御装置の内蔵状態による分類	照明器具への組込状態による分類		
	a. 器具一体形 LEDモジュール	b. 器具組込み形 LEDモジュール	c. 独立形LEDモジュール
ア. 制御装置内蔵形 LEDモジュール	制御装置内蔵形の器具一体形LEDモジュール	制御装置内蔵形の器具組込み形LEDモジュール	制御装置内蔵形の独立形LEDモジュール
イ. 制御装置一部内蔵形 LEDモジュール	制御装置一部内蔵形の器具一体形 LEDモジュール	制御装置一部内蔵形の器具組込み形 LEDモジュール	制御装置一部内蔵形の独立形LEDモジュール
ウ. 制御装置非内蔵形 LEDモジュール	制御装置非内蔵形の器具一体形 LEDモジュール	制御装置非内蔵形の器具組込み形 LEDモジュール	制御装置非内蔵形の独立形LEDモジュール

口金付きのLED光源は、その光源部がLEDモジュールであった場合も、LEDランプと呼ばれる。口金は通常、JIS C 7709規格群で規定されている。

ア．制御装置内蔵形LEDモジュールは、商用電源に直接接続し、光源を安定に動作させる制御装置および付加部品を一体化したLEDモジュールを意味するので、安全面などを含め独立して設置できる場合は、照明器具と同じ意味合いとなり、電気用品安全法上はエル・イー・ディー電灯器具となる。

イ．制御装置一部内蔵形LEDモジュールは、点灯のための制御装置の制御部は備えているが、電源部分が分離されているLEDモジュールを意味する。

ウ．制御装置非内蔵形LEDモジュールは、点灯するために別置きの制御装置を必要とするLEDモジュールを意味する。

a．器具一体形LEDモジュールとは、容易に取外しができないように照明器具と一体化されていて、照明器具から分離取外しができないLEDモジュールのことである。

b．器具組込み形LEDモジュールは、塵埃（じんあい）、固形物および水分の侵入に対する特別な保護手段がなく、照明器具、箱、照明器具の外郭などの内部に組込んで利用するための、交換可能なLEDモジュールのことである。したがって、器具組込み形LEDモジュールを使用する場合、照明器具の外郭などによって安全を確保することを前提としている。

(2) LEDモジュール評価要素

ア．全光束【lm】

光束の測定はJIS C 7801またはJIS C 8152-2によって測定する。一般的にLEDは温度が低いほど光束は大きくなる。したがって点灯直後と温度飽和状態とでは、点灯直後のほうが光束は大きい。したがって、点灯直後に測定するのではなく、光束が安定したときに測定する。また、測定環境は規格に従わなければならない。

光束はメーカー公表値の90%以上でなければならない。

イ．発光効率【lm/W】

固有エネルギー消費効率は測定した光束値を同時に測定した消費電力で除した値で、計算して得られる。

電安法によれば、例えば20Wの消費電力の器具は±25%の誤差があっても許されるが、JISでは、固有エネルギー消費効率は公表値の90%以上なければならないとなっている。

ウ．相関色温度(CCT)と色

相関色温度は100Kきざみで表示し、公表値の±5%以内でなければならない。3000Kと表示があれば、2850K〜3150Kの間に入っていることになる。色を比較する場合、実は相関色温度だけでは規定できない。duvも重要である。図1.1.4-2は色度座標の図であるが、duvが上に行くと緑色側に、下に行くとピンク側にずれていく。JISではduvは黒体放射軌跡の±0.02以内でなければならな

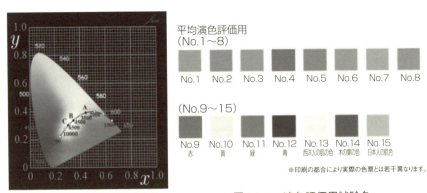

図1.1.4-2 χy表色系色度図　　　図1.1.4-3 演色評価用試験色

黒体:物体は電磁波を吸収して温度が上昇したり、逆に温度に応じて電磁波を放出する。あらゆる波長の電磁波を完全に吸収、放射する理想的な熱放射体を黒体という。
黒体放射軌跡と色温度:黒体の温度に応じて発する電磁波はその発光スペクトルが温度だけで決定される。これにより黒体の温度によって人間が感じる色は一意に決まり、それを色温度という。各色温度における色度座標上の点列は線となり、黒体放射軌跡と呼ばれる。
duv:人工光源の光源色について、黒体放射軌跡からの解離の度合いを示すのがduvである。
※図1.1.4-2、図1.1.4-3のカラー版を裏表紙に示す。

いとされている。しかし、人の目は0.003の差があると、違う色として認識できるので管理が難しいところである。

青色LEDチップに蛍光体入りの樹脂をかぶせて白色を出す場合、パッケージの中央付近から出る光と端から出る光では色が違っている場合がある。これに反射板やレンズで集光させた場合、色別れが増長することがある。拡散材や散乱板で混色することでこれを目立たなくするのが一般的である。

エ．演色評価数

特殊演色評価数Ri(i=1～15)は100以下の数値で表される。光源の演色性の程度、つまり被照射物の色の再現性の良い・悪いを表す代表的な指数のことである。わかりやすくいえば、基準光で照らした場合と比較して、色の再現がどれだけできているかという指標ということになる。

演色評価のための試験色は図1.1.4-3の色票が用いられる。

平均演色評価数(Ra)は、試験色No.1～8の演色評価数値の平均値として表される。

オ．LEDモジュール寿命と光束維持率

LEDモジュールの寿命は、材料の劣化によって起きる光出力の漸減的減退と、電気部品の故障によって起きる突発的な光出力の停止との2つの短い方で決まる。JIS C 8155によれば、LEDモジュールの寿命とは、光束が70%になるか、もしくは点灯しなくなるまでのどちらか短い方を指す。定格寿命とは製品母数の50%が寿命を迎えた時をいう。

カ．EMC

EMCは、electro-magnetic compatibilityの略で電磁両立性と訳されるが、照明機器や照明システムなどが、その他の機器に対して許容できない妨害を与えることなく、また、他からの機器の電磁的影響下でも必要な機能を果たすことができる能力と定義することができる。

他の機器に影響を与える場合はエミッションまたはEMI(electro-magnetic interference)と呼び、他の機器からの妨害に対する耐性をイミュニティまたは

EMS(electro-magnetic susceptibility)と呼ぶ。

照明器具の場合、エミッションについては電気用品安全法の技術基準別表第十で規制されている。

イミュニティについては現時点で法的規制はないが、JIS規格でその試験方法が定められている。

国際的には、国際無線障害特別委員会CISPRで無線通信および放送に電波障害を与えないように妨害波規格を作成しており、そのうち、照明器具のエミッションとしてCISPR15が平成17年に国内答申されている。

電安法とCISPR15の違いを概略で表すと図1.1.4-4のようになる。

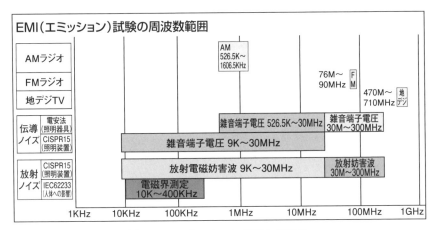

図1.1.4-4 エミッション試験と周波数

エミッションで雑音以外の重要な項目として高調波抑制の問題がある。照明器具はJIS C 61000-3-2のクラスCが、調光器はクラスAが適用される。

次に、照明で問題となるイミュニティでは以下のJIS規格群(抜粋)がある。

イミュニティについては法的規制はないが、外からノイズが入ってきたときに、誤動作したり破壊される場合があるため、各メーカーは対策をとっている。

評価方法としては、通常以下の①と②若しくは①と③の二段階、または①～③の三段階で評価することが多い。

表1.1.4-3 LED照明のイミュニティ試験

規格No.		本書 第2部 第6章での参照項	制定/改正年月日 ※改正は最終改正日のみ記載
JIS規格	C 61000-4-2	6.2.3項：ノイズ環境試験	1999/2/20 2012/6/20
	C 61000-4-3		1997/11/20 2012/3/21
	C 61000-4-4		1999/2/20 2007/11/20
	C 61000-4-5		1999/2/20 2009/10/20
	C 61000-4-6		1999/2/20 2006/2/20
	C 61000-4-8		2003/3/20
	C 61000-4-11		2003/3/20 2008/3/20

※IEC規格No.はJIS規格No.の「C」を除いたNo.で同じ。

① 破壊しないレベル
② 再起動や一定の時間内に復帰するレベル
③ 誤動作しないレベル

イミュニティの問題は、現場と状況が違うと再現しないので、原因を特定することが難しい。現場の高調波や重畳電流などを調査してわかる場合もあるが、違法無線での誤動作などは発見することも難しい。そのため、どのような症状がおきるか、非復帰状態になる外乱としてどのようなものがあるのかを調査しておくのが望ましいが、全ての可能性に対して準備することは難しいので前記の規格群で試験するのが一般的である。

また、イミュニティは、住宅用と施設用では評価レベル内容が異なる場合がある。例えば、商業施設などでは、無線を使うことがあるので、トランシーバーの電波に対するイミュニティも要求される。電源を制御しているICが誤動作することによりちらつきが出るなど、異常動作をすることがあるので事前に評価しておくことが望ましい。

キ．電流リップルによる光のちらつき(フリッカ)

電気用品安全法の技術基準では光源にちらつきを感じないものであることが規定されている。具体的には光出力の繰り返し周波数が500Hz以上であるか、

100Hz以上で光出力のピーク値の5%以下の部分がないこととなっている。LED電源の多くはスイッチングとコンデンサーの平滑化により直流を作り出しているが、この平滑化でリップルが20%程度以上あると、人の目にはわからないが、シャッタースピードを選べない携帯電話のカメラなどで撮影すると縞模様がはいることがある。動画だと明滅するように見えるので、スポーツ施設などに使用するLEDはリップルを小さくする必要がある。防犯灯で、防犯カメラを併設する場合も注意が必要である。また、商業施設ではバーコードが読み取れないというケースもあるので注意したい。

ク．突入電流

　突入電流は電源をONにした瞬間に過渡的に流れる電流で、これが大きいとブレーカーが遮断されることがある。例えば20Aブレーカーに100V入力の45W、力率90%のLED照明器具を配線する場合、計算上100V×20A×0.8÷(45W／0.9)で32台の器具を設置できる(ここで0.8は内線規定による規制である)が、もし、器具の突入電流が10Aでブレーカーの許容突入電流が100Aの場合は10台しか設置できないことになる(実際には突入電流が流れる時間により変わる)。

　なお、ブレーカーだけでなく、センサーに器具をつなぐ場合も突入電流を考慮に入れる必要があるため、LEDモジュールは突入電流を記載することが望ましい。また、通信設備企業では突入電流を5A以下とすることを要求しているところがあるので、納入時には注意したい。

(3)　LEDモジュールに求められる品質要件

　LEDモジュールに求められる品質要件とは、基本的に後述のLEDモジュール関連規格にあげた各規格類の要求事項に準拠した製品の選定/設計を行なうことが前提となる。

　製品(LEDモジュール)の選定/設計をする際には、当該製品として準拠しなくてはならない規格類を事前に調査し、対象となる各規格における要求事項を十分理解し、下記内容を留意の上、行うべきである。

　なお、製品寿命については、対象となるLEDモジュールにおける寿命判定要

素(例:光束・色度・順方向電圧 etc.)が製品の使用用途・個別案件により異なるため、以下の留意点には含めていない。

例:寿命判定要素が光束の場合 ⇒ ・寿命評価方法:IES LM-80

・寿命推定方法:IES TM-21

① LEDモジュールを使用/選定する際の留意点

表1.1.4-4 諸特性(仕様)

求められる品質要件			LEDモジュールを使用/選定する際の留意点
電気特性	LEDの順電圧	消費電力 効率(lm/W)	・選定する際に準拠又は参考とすべき、省エネ等の関連 基準やガイドラインはあるか? ・複数のモジュールを同じ場所に設置する場合、設置場所での消費電力制限値はあるか?
	制御装置の入力電圧 出力電流	ユニバーサル設計	・制御装置の入力電圧と使用する場所/国における商用電源電圧との整合 ・制御装置の出力電流と使用するLEDモジュールの入力電流との整合
光学特性	光束/光度	効率・使用する場所・広さ 器具の種類・年齢	・使用目的/設置場所/組込み器具仕様等に見合った、求められるモジュール光束の検討/採用
	配光	設置位置・使用する場所・広さ	・被照射面の要求照度に見合ったモジュール配光の検討/採用
	色調/色温度	部屋の雰囲気	・使用目的/設置場所/組込み器具等に見合った、光源色の検討/採用
	演色性	色の見え方 見る対象物・年齢	・使用目的/設置場所/照射物等に見合った、色の見え方の検討/採用
	見映え/グレア	設置場所・方向・配光 周囲の明るさ	・設置場所/使用目的に見合った、周囲環境との調和手法の検討/採用 ・光源位置/配光/レンズ構造等、光学技術による眩しさ(不快)感低減策の検討/採用
温度特性	熱抵抗/放熱性	器具の温度・周囲温度	・設置環境/組込み器具等の放熱性に見合ったモジュール放熱構造/特性の検討/採用 (モジュールから、外部に熱引出来る構造か?)
機械的強度	振動/衝撃耐力	輸送・使用環境	・輸送条件/使用環境における振動耐力の把握及び対策の検討 ・設置状態における落下防止機能の検討/採用
その他	静電耐力	静電気・サージなどが発生する場所で使用	・モジュールとしての静電(ESD)破壊耐力(実力)の把握及び対策の検討 ・モジュールとしての誘導雷耐力(実力)の把握及び対策の検討
	材料選定	見た目・質感	・モジュールとしての使用目的に見合った外観/質感の検討/採用 ・モジュールとしての使用環境に見合った、耐熱性/耐候性材料の採用

表1.1.4-5 設置/使用条件(環境)

求められる品質要件		LEDモジュールを使用/選定する際の留意点
環境性能	動作/保存温度範囲	・設置場所/組込み器具内におけるLEDモジュール点灯時の温度条件の把握
	屋外/屋内 防水/防塵 硫化/塩害	設置場所	・設置場所/設置環境に見合った耐候/防水/防塵/耐雷サージ性能の把握 ・使用環境に存在する硫化物質/塩化物質による、モジュール構成部品に対する腐食内容の確認及び対策の検討
	振動/衝撃	・輸送条件/使用環境における振動/衝撃に対する耐力の把握及び対策の検討

25

②LEDモジュールを設計する際の留意点

表1.1.4-6 諸特性(仕様)

求められる品質要件		LEDモジュールを設計する際の留意点(仕様)		Keyとなる要件/項目	関連規格
電気特性	LEDの順電圧	消費電力 効率(lm/W)	・モジュールとして最適な発光効率を得る為の、LED点灯電流と順方向電圧値の検討/採用	消費電力　効率(lm/W)、電源設計、電流ばらつき、ジャンクション温度、LED選別と価格、明るさ、LED順方向電圧ばらつきによる電流暴走	
	制御装置の入力電圧出力電流	ユニバーサル設計	・制御装置の入力電圧と使用する場所/国における商用電源電圧との整合 ・電源出力/LED点灯方式(定電圧/定電流/パルス駆動)点灯条件の決定 ・LEDの順方向電流バラツキに左右されない点灯回路の検討/採用	ユニバーサル設計(使用する国) 回路設計による電流値、電圧	・電気用品安全法 ・消防法
光学特性	光束/光度	効率・使用する場所 広さ・器具の種類 年齢	・モジュールとして最適な発光効率と絶対最大定格に見合ったLEDの選定	使用LEDの選定、必要光束	・日本照明工業会：「ガイド121-2011:住宅用カタログにおける適用畳数表示基準 ・JIS Z 9110-2010
	配光	設置位置・使用する 場所・広さ	・モジュールとして最適な配光を持つLEDの選定 ・光学レンズを使用する場合は、レンズの配光特性に見合った配光を持つLEDの選定	光学(レンズ)設計 配光規格	・国土交通省:LED道路・トンネル照明導入ガイドライン
	色調/色温度	部屋の雰囲気	・モジュールとして最適な色温度/演色性を持つLEDの選定	LEDの種類、蛍光体の種類	JIS Z 8725
	演色性	色の見え方 見る対象物・年齢	・照射面における色分離防止方法の検討/採用	LEDの種類、蛍光体の種類	JIS Z 8726
	見映え/グレア	設置場所・ 方向・配光 周囲の明るさ	・モジュールとしての光学設計による眩しさ(不快感)の低減 ・使用者視線の方向とモジュール設置場所の検討/採用	光源の大きさ、周囲の反射率、背景輝度、光源の設計位置	JIS C 8106 JIS C 8105-3
温度特性	熱抵抗/放熱性	器具の温度 周囲温度	・モジュール寿命を考慮した放熱構造/手法の検討/採用	寿命・効率・色温度変化	
機械的強度	振動/衝撃耐力	使う場所	・輸送条件/使用環境に見合った耐震構造の検討 ・設置状態での落下防止機能/構造の検討/採用	構造設計・材質 重量・落下防止	
その他	静電耐力	静電気 サージなどが発生する場所で使用	・モジュールとしての静電(ESD)破壊防止対策の検討、ツェナーダイオード等の保護素子の採用 ・モジュールとしての誘導雷に対する耐力/防止の検討　耐サージ部品(SPD)の採用	ツェナーダイオード SPD	
	材料選定	見た目　質感	・モジュールとしての使用目的に見合った外観/質感の検討/採用 ・モジュールとしての使用環境に合った、耐熱性/耐候性材料の採用	金属(消防法対応)、樹脂 ガラス・放熱材料 (Al・Mg)	

表1.1.4-7 設置/使用条件(環境)

求められる品質要件		LEDモジュールを設計する際の留意点(仕様)	Keyとなる要件/項目	関連規格
環境性能	動作/保存温度範囲	設置場所	・設置場所/組込み器具内におけるLEDモジュール点灯時の温度条件に見合った放熱構造/手法の検討/採用	材質　放熱構造	
	屋外/屋内	設置場所	・設置場所/設置環境に見合った耐候性材料の採用 ・防水/防塵構造(IP)の検討 ・誘導雷に対する耐雷サージ部品(SPD)の採用	防水設計 シール構造	
	防水/防塵			防塵/防水	JIS C 0920 IEC 60529
	硫化/塩害	設置場所	・使用環境における硫化物質/塩化物質に耐える部品の採用 ・腐食性ガスが進入しないシール構造の採用	銀部品の使用	
	振動/衝撃	設置場所	・輸送条件/使用環境における振動/衝撃に耐える構造の採用	構造設計 材質　重量	

③ LEDモジュール関連規格

表1.1.4-8 LEDモジュール関連規格

	規格 No.	本書 第2部 第6章での参照項目	制定/改正年月日 ※改正は最終改正日のみ記載
IEC規格	60838-2-2	6.3.1項:LEDおよびLEDモジュールの電気的・機械的安全性	2006/5/5　2012/4/27
	61347-2-13		2014/9/3
	62031		2008/1/15　2014/9/19
	62384	6.4.1項:LEDおよびLEDモジュール	2006/8/30　2011/3/30
	62717		2011/4/28
	62471	6.3.3項:生体安全性	2006/7/26
	62384	6.4.1項:LEDおよびLEDモジュール	2006/8/30　2011/3/30
	62442-3		2014/4/24
JIS規格	C 7550	6.3.3項:生体安全性	2011/12/20　2014/3/20
	C 8121-2-2	6.3.1項:LEDおよびLEDモジュールの電気的・機械的安全性	2009/3/20
	C 8152-2	6.1.1項:LEDおよびLEDモジュール	2012/6/20
	C 8152-3		2013/7/22
	C 8153	6.4.1項:LEDおよびLEDモジュール	2009/3/20
	C 8154	6.3.1項:LEDおよびLEDモジュールの電気的・機械的安全性	2009/3/20
	C 8155	6.4.1項:LEDおよびLEDモジュール	2010/9/21
	Z 9112	6.1.1項:LEDおよびLEDモジュール	1966/3/1　2012/12/20
IES規格	LM-79	6.1.1項:LEDおよびLEDモジュール	2008/1/1
	LM-80		2008/9/22　2014/1/9
	LM-82		2012/2/13
	LM-85		2014/4/16
	TM-21		2011/7/25　2014/3/31
照明工業規格	JEL 600	6.4.2項:LEDランプおよびLED照明器具	1955/2/17　2013/12/6
	JEL 601		1955/2/17　2012/2/10
電安法	電気用品の技術上の基準を定める省令	6.3.4項:電気用品安全法 制御装置(AC駆動)内蔵型LEDモジュール及び別置電源が対象 ※器具に内蔵の場合は器具として準拠	1961/11/16　2014/4/14

※ IEC:The International Electrotechnical Commission
　IES:Illuminating Engineering Society of North America

1.1.5 LED照明器具に望まれる品質【屋内】

(1) グレア(まぶしさ)

住宅や施設などで使用される屋内照明において、LED特有の指向性の強い光は"まぶしさ"として認識される場合がある。"まぶしさ"を強く感じたり、光の広がりが均一でないと、眼の痛みや疲労、時には頭痛などといった症状が現れることもある。明るさや効率を求める以外に、まぶしくない照明器具の開発が求められている。住宅用照明器具については、従来の蛍光灯器具と遜色のない明るさ(均一な照度)となるよう、部屋の大きさ(畳数)に応じて明るさの基準が設けられ、ユーザーが購入しやすくなった。

(2) 相関色温度と演色性

屋内の照明においては、光の質、とりわけ演色性が重要視されることが多く、演色性を良くすることで自然な色合いが得られる。快適な照明環境を実現するためには、明るさや効率、まぶしさに対する配慮だけでなく、相関色温度や演色性を十分に考慮する必要がある。

(3) その他の要件

施設照明における蛍光ランプからの置き換え需要については、直管LEDランプへの置き換えに始まり、器具と光源(モジュールタイプ)一体形ベース照明への置き換えへと推移している。

LED照明の寿命に関わる要因としては温度が最も影響する。電源や基板の放熱構造を改善し、器具内温度を低下させることにより長寿命化が可能となる。また発煙・発火といった二次災害へつながらないよう安全性についても十分考慮する必要がある。多様化するLED照明器具には、性能はもちろんのこと、安全性や品質に対する要求もよりいっそう強くなると考えられる。

明るさの基準:一般社団法人日本照明工業会「ガイド121　住宅用カタログにおける適用畳数表示基準」参照。

表 1.1.5-1 LED 照明器具の品質に関する規格

規格 No.		本書 第 2 部 第 6 章での参照項目	制定 / 改正年月日 ※改正は最終改正日のみ記載
IEC規格	69598-1	6.3.2項：LEDランプおよびLED照明器具の電気的・機械的安全性	2002/12/4　2014/5/26
	60598-2-3		2002/12/4　2011/11/17
	60598-2-8		2013/4/29
	60598-2-11		2013/5/16
	62471	6.3.3項：生体安全性	2006/7/26
JIS規格	C 7801	6.1.2項：LEDランプおよびLED照明器具	1975/11/1　2014/3/20
	C 8105-5		2011/12/20　2014/3/20
	C 7550	6.3.3項：生体安全性	2011/12/20　2014/3/20
	C 8105-1	6.3.2項：LEDランプおよびLED照明器具の電気的・機械的安全性	1999/3/20　2010/3/23 2013/11/20
	C 8105-2-3		1999/3/20　2011/9/20
	C 8105-2-8		2000/3/20　2011/3/22
	C 8105-2-11		2013/12/20
	C 8105-3	6.4.2項：LEDランプおよびLED照明器具	1999/3/20　2011/12/20
	C 8112		1961/5/1　2014/8/20
	C 8115		1976/4/1　2014/8/20
	C 8131		1969/3/1　2013/11/20
IES規格	LM-79	6.1.1項：LEDおよびLEDモジュール	2008/1/1
照明工業規格	JEL 600	6.4.2項：LEDランプおよびLED照明器具	1955/2/17　2013/12/6
	JEL 601		1955/2/17　2012/2/10
電安法	電気用品の技術上の基準を定める省令	6.3.4項：電気用品安全法 制御装置(AC駆動)内蔵型照明器具、及び AC 駆動の別置電源	1961/11/16　2014/4/14

1.1.6 LED照明器具に望まれる品質【屋外】

屋外のLED照明器具に望まれる品質は屋内に望まれるもの以外に以下が追加される。

ア．防水・防塵機能

防水・防塵の保護等級はJIS C 0920「電気機械器具の外郭による保護等級(IPコード)」に沿った試験を行う。

表.1.1.6-1 第一特性数字で示される外来固有物に対する保護等級

第一特性数字	保護特級		試験条件適用試験箇条
	要約	定義	
0	無保護	−	−
1	直径 50mm 以上の大きさの外来固形物に対して保護している。	直径 50mm の球状の、固形物プローブの全体が侵入 (1) してはならない。	13.2
2	直径 12.5mm 以上の大きさの外来固形物に対して保護している。	直径 12.5mm の球状の、固形物プローブの全体が侵入 (1) してはならない。	13.2
3	直径 2.5mm 以上の大きさの外来固形物に対して保護している。	直径 2.5mm の固形物プローブが全く侵入 (1) してはならない。	13.2
4	直径 1.0mm 以上の大きさの外来固形物に対して保護している。	直径 1.0mm の固形物プローブが全く侵入 (1) してはならない。	13.2
5	防じん形	じんあいの侵入を完全に防止することはできないが、電気機器の所定の動作及び安全性を阻害する量のじんあいの侵入があってはならない。	13.4 13.5
6	耐じん形	じんあいの侵入があってはならない。	13.4 13.6

(1) 外郭の開口部を固形物プローブの全直径部分が通過してはならない。

表.1.1.6-2 第二特性数字で示される水に対する保護等級

第一特性数字	保護特級		試験条件 適用試験箇条
	要約	定義	
0	無保護	－	－
1	鉛直に落下する水滴に対して保護する。	鉛直に落下する水滴によっても有害な影響を及ぼしてはならない。	14.2.1
2	15度以内で傾斜しても鉛直に落下する水滴に対して保護する。	外郭が鉛直に対して両側に15度以内で傾斜したとき、鉛直に落下する水滴によっても有害な影響を及ぼしてはならない。	14.2.2
3	散 水（spraying water）に対して保護する。	鉛直から両側に60度までの角度で噴射した水によっても有害な影響を及ぼしてはならない。	14.2.3
4	水 の 飛 ま つ（splashing water）に対して保護する。	あらゆる方向からのノズルによる噴流水によっても有害な影響を及ぼしてはならない。	14.2.4
5	噴流（water jet）に対して保護する。	あらゆる方向からのノズルによる噴流水によっても有害な影響を及ぼしてはならない。	14.2.5
6	暴噴流（powerfull jet）に対して保護する。	あらゆる方向からのノズルによる強力なジェット噴流水によっても有害な影響を及ぼしてはならない。	14.2.6
7	水に浸しても影響がないように保護する。	規定の圧力及び時間で外郭を一時的に水中に沈めたとき、有害な影響を生じる量の水の浸入があってはならない。	14.2.7
8	潜水状態での使用に対して保護する。	関係者間で取り決めた数字7より厳しい条件下で外郭を継続的に水中に沈めたとき、有害な影響を生じる量の水の侵入があってはならない。	14.2.8

　防雨機能は雨線外に器具を設置する場合に必要となる。ただし、雨線内であっても、軒下用のダウンライトなどで、第二特性因子X4の保護等級、電気設備技術基準の分類でいうところの防沫形を要求されることがある。

イ．直射日光への対応

　直射日光が当たる場合、促進耐候性試験などで、紫外線劣化の確認をする必要があるが、LED照明器具の場合、レンズを使用している器具などは、レンズによる集光によって温度が上がることがあるので、その確認が必要となることに注意したい。直射日光が当たるときは通常照明器具は点灯させないが、照度センサーなどが内蔵されていない場合は、炎天下で点灯しても異常温度とならないかの確認が必要となる。

第1部 基礎編●第1章 総論

ウ．上方光束比

　上方光束比は(一社)日本照明工業会の技術資料136「環境配慮に関する評価基準」を守る。防犯灯も(一社)日本照明工業会のガイドA137-3によれば、上方光束比は5%以内が要求されている。

エ．特殊環境対応

　屋外の特殊環境の影響は劣化のメカニズムの章を参照いただきたい。

　なお、屋外環境によってはイオンマイグレーションに注意しなければならない。

　例えば、プールなどは塩素を使っていることがあり、はんだに含まれる成分と水分が反応してLEDのはんだ付け部分が導通しなくなる現象も最近確認されている。

オ．屋外製品のイミュニティ

　屋外製品のイミュニティの項目の中で屋内品より特に高い耐性を要求されるものとして雷サージがある。

　屋内製品で2kV程度で問題なくても、屋外は4kV以上の耐性を持たせることが多い。特に防犯灯の場合は市区町村の採用基準としてライン・接地間で15kVを要求しているところが増えている。前出のガイドA137-3「高品質LED防犯灯の性能要求指針」でも耐雷サージは、ライン・接地間で15kV以上を要求している。

　雷サージで問題となるのは直撃雷よりも誘導雷である。直撃した場合、原因は明らかだが、誘導雷の場合は周囲に痕跡が残らず、ユーザーから見ると単に照明器具が品質不具合で故障したと見えるからである。

1.2 LED照明の寿命

　LED照明における寿命は、材料の劣化によって起きる光出力の漸減的減退と電気部品の故障によって起きる突発的な光出力の停止のいずれか短い方で決まる。

1.2.1 LEDパッケージの故障

　一般の電子部品と同様にLEDパッケージの故障率は、図1.2.1-1のように、あるひとつの定まった傾向を示す。これを3つの期間に分けて、初期故障期、偶発故障期、磨耗故障期という[1]。この図のことをバスタブカーブと呼ぶ。

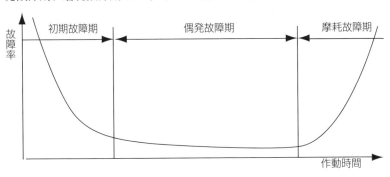

図1.2.1-1 故障率曲線

　初期故障は、製造工程などに起因した潜在欠陥が、使用中のストレスで劣化することにより起こると考えられている。潜在欠陥を持つデバイスのみが故障し、次第に除去されるため、故障率は時間とともに減少する傾向がある。偶発故障は、残存した高品質なデバイスが安定して稼動する間の故障現象である。故障の原因は、偶発的に生じるオーバーストレス(サージなど)によるものと考えられる。磨耗故障は、デバイスが基本的に持っている磨耗や疲労に対する寿命によるもので、その領域に入ると故障率は急速に増加する傾向を示す。磨耗

第1部 基礎編●第1章 総論

故障の一般的な例として白熱電球の故障があり、一定の作動時間が経過するとフィラメントが突然断線する。LEDの場合、白熱電球と同等の故障メカニズムはないが、その他の磨耗メカニズムは存在する。

　LEDの故障モードとしては、「不点灯」、と「特性故障」がある。不点灯としては、オープン故障(または順電圧の大幅な増加)、ショート故障があり、それらの原因としては下記があげられる。

・LEDパッケージ内部のボンディングワイヤー自身の断線
・LEDパッケージ内部のボンディングワイヤーとチップの接合部(ボールボンド部)の剥離
・LEDパッケージ内部のボンディングワイヤーと端子の接合部(ストレッチボンド部)の剥離
・チップを固定している接着剤または合金層の剥離
・LEDチップ内部のマイグレーション
・過電流印加時のチップ発熱によるチップと周辺部材の破壊
・チップの静電破壊等による場合の短絡

　特性故障としては、磨耗故障期の光束の低下、色度の変化、電気特性の変化があり、それらの原因としては、

・LEDパッケージ内部の封止樹脂における透過率の低下
・LEDパッケージ内部のケース等における反射率の低下
・チップ自身の特性変化
・蛍光体の特性変化

等があげられる。

故障モード:故障状態となる時の症状の形態による分類のこと。

1.2.2 LEDパッケージの光束維持率低下

　LEDパッケージは使っている間に劣化によって全光束が徐々に低下する。光束維持率とは初期に対しどのくらいの光束を維持できるかを示す指標である。その光束低下速度は、ジャンクション温度、周囲温度、駆動電流等の条件によって大きくなったり、小さくなったり変化する。その関係は例えば半導体デバイスの寿命モデルとして一般的に用いられているアレニウスの式を使用すると、下のように寿命の予測が行なうことができる[2]。

$$K = \Lambda \cdot \exp\left(-\frac{E_a}{k_b T}\right) \qquad \text{(式 1.2.2-1)}$$

　　　K ：反応の速度定数
　　　Λ ：定数
　　　E_a ：活性化エネルギー(eV)
　　　k_b ：ボルツマン定数(8.617×10^{-5} eV・K^{-1})
　　　T ：ジャンクション温度(絶対温度　K)

　寿命Lは反応の速度定数の逆数1／Kで表されるため、

アレニウスの式: 1889年、スウェーデンの物理化学者アレニウスが見出した、「反応速度定数Kの対数と絶対温度の逆数1/Tとの間に1次線形(直線)関係が成り立つ」という関係式のこと。一般に反応速度は温度により強い影響を受け、反応の種類によって程度は異なるが、温度が10℃上昇すると反応速度は2～3倍程度増大する。反応速度の大きさは、活性化エネルギーと温度の関数となり、活性化エネルギーが大きいほど反応速度の温度依存性が大きいことになる。

ジャンクション温度: LEDにおけるジャンクションとは、p型半導体とn型半導体の接合界面とその近傍を指し、電子と正孔が再結合して光や熱に変換される部位を意味する。LEDチップ内部の発熱部位。ジャンクション部の温度について、熱電対などによる接触での温度測定はできないが、半導体の温度特性を利用した測温は可能である。

$$L = A \cdot \exp\left(\frac{E_a}{k_b T}\right) \qquad \text{(式 1.2.2-2)}$$

L ：寿命
A ：定数
E_a ：活性化エネルギー(eV)
k_b ：ボルツマン定数(8.617×10^{-5} eV・K^{-1})
T ：ジャンクション温度(絶対温度　K)

　この式からわかるように、ジャンクション温度が高いと寿命は短くなる。また環境温度が高いほど、あるいはLEDチップからの放熱が良くないほど、寿命は短くなる。

　光束維持率を試験／推定する方法の1つに、IES発行のLM-80／TM-21規格などがあり、北米市場では、米国環境保護庁(EPA)エネルギースター認証を受けるために、この試験結果を要求されることが多い。

活性化エネルギー:反応の出発物質の基底状態から遷移状態に励起するのに必要なエネルギーのこと。化学反応においては、出発物質と生成物質のエネルギーに差がある場合には、最低限そのエネルギー差に相当するエネルギーを外部から受け取らなければならない。しかし、実際の反応においてはそれだけでは十分でない場合がほとんどで、二物質のエネルギー差以上のエネルギーを必要とする。大きなエネルギーを受け取ることで、出発物質は生成物質のエネルギーよりも大きなエネルギーを持った遷移状態となり、遷移状態となった出発物質はエネルギーを放出しながら生成物質へと変換する。
ボルツマン定数:温度とエネルギーを関係付ける物理定数であり、実験的に決定された値で8.617×10^{-5} eV・K^{-1}である。
IESNA(IES): Iluminating Engineering Society of North America北米照明学会。
LM-80:IESが制定した、LED光源における光束維持率の試験方法である。
TM-21:LM-80の維持率試験結果を基としたLEDの長期性能推定方法である。

1.2.3 その他の構成部材の寿命

LED照明器具の寿命を考える上では、LEDパッケージやLEDモジュール以外の部材の寿命も重要である。いくらLEDが長寿命であったとしても、それ以外の部材の寿命が短くては照明器具としての寿命が長いとはいえないからである。

LED以外の主要な構成部材としては電源があるが、その中で寿命を決定づける主な部材はコンデンサーとトランス等の巻線類である。

(1) アルミニウム電解コンデンサー

整流した脈流波形をならし平均化させる平滑コンデンサーは、小型で安価、大きな静電容量が得られるという点から一般にアルミニウム電解コンデンサー(以下、電解コンデンサー)が用いられる。

電解コンデンサーは、長期間使用しているうちに電解液の変質や蒸発減少によって次第に特性が劣化し、$\tan \delta$(損失角の正接)の増加と静電容量の減少によって、ついには内部インピーダンスが大幅に増加し寿命を迎える。

電解コンデンサーの寿命に影響を与える要因は、温度、湿度、振動などがあげられるが、中でも温度による影響は大きく、経験則として温度が10℃上がると寿命は1/2に、温度が10℃下がると寿命は2倍になるといわれている。

電解コンデンサーの温度はリーク電流による自己発熱と周囲温度によって決まる。リーク電流は脈流成分が大きいほど大きく、また印加電圧が高くなるほど大きくなる。

したがって、電解コンデンサーの寿命を延ばすためには、定格電圧より十分に余裕を持った回路設計とすることに加え、主な発熱源であるLED光源部やトランス類からの熱の影響を受けにくい配置や構造をとるといった処置が有効である。

なお最近では、電解コンデンサーの改良が進み長寿命の製品が開発されている他、コンデンサーレスの回路等の電源回路設計上の工夫も進んでいる。

(2) トランスやチョークコイル等の巻線類

　トランスやチョークコイルを長期間使用していると、それらを構成する巻線の被覆や巻線間のスペーサなどの絶縁が劣化し、最悪の場合はショートを起こして発煙・発火事故に至る恐れがある。

　これらの劣化もまた周囲環境の温度、湿度などが影響するが、トランスやチョークコイルは通電損失による自己発熱が生じるので、自身の温度は周囲温度にこの温度上昇分が加わった温度となる。

　したがって、劣化を少なくするためには、定格値に対して余裕を持った設計とすることに加え、熱がこもらないような構造とLED光源部からの熱の影響を受けない配置とするなどの工夫が必要である。

1.3　白色LEDの各部材の解説

　照明用途に用いられる白色LEDパッケージの構成例を図1.3-1～図1.3-3に示す。ミドルワット製品ではリードフレームタイプ(図1.3-1)、ハイワット製品ではCOB(図1.3-2)が主流であり、小型化の手法としてCSP製品(図1.3-3)も各社製品化を進めている。ここで示すのは一般的な代表例であって、実際は随時改良が重ねられている。

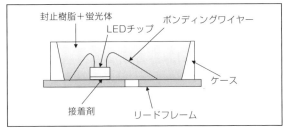

図1.3-1 リードフレームタイプ

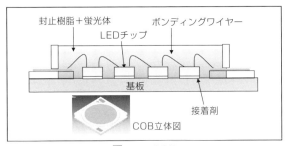

図1.3-2 COB

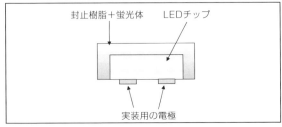

図1.3-3 CSP

1.3.1　白色LEDパッケージ構成例／小形LED製品
ア．ミドルワット製品

　リードフレームとケースを一体成型している例が最も一般的である。リードフレームは熱的拡散と電気的導通を目的としたものであり、母材は銅合金で表面に銀めっきを施す例が多い。ケースには絶縁と放熱・反射特性が要求され、材料はPPA(ポリフタルアミド)などの樹脂が使われているが、熱と光による変色劣化の改善策として、セラミックを用いたり、耐熱耐光性の高い樹脂などを選択しているメーカーもある。

　接着剤は、LEDからの光と熱の影響を考慮し、シリコーン樹脂、はんだ、金錫などの耐熱耐光性の高い材料が選択されている。青色LEDチップはボンディングワイヤーによって回路基板と電気的に接続される。

　また、LEDへワイヤーボンディングを行わずに、フリップチップ実装を行っている例もある(図1.3.1-1)。青色LEDを白色に変換するためには黄色成分を持つ蛍光体が必要となる。演色性を高める場合は、緑や赤の蛍光体を配合する。

　さらに、演色性を追求する場合には、紫色LEDに青・緑・赤の蛍光体を配合して、白色に変換することも可能である。

　封止材の目的は、LEDチップやワイヤーの保護とLEDチップからの光取出し効率向上である。封止材は、透過率が高く、耐熱耐光性の高いシリコーン樹脂が広く使用されている。

COB: Chip on boardの略。LEDチップをワイヤーボンディングによって基板上に直接実装する方法である。ボンディング後、樹脂を基板上に封止する。
CSP: Chip size packageの略。内蔵する半導体チップと同じか少し大きめ程度の超小型パッケージの総称である。
リードフレーム: パッケージの外からチップのあるパッケージ内に電気を供給するための機械的強度を持った導電性部材。
フリップチップ実装: 通常は上側にある電極を下側に配置・実装し、ワイヤーによる配線ではなく、チップの電極と基板側の電極とを導通部材により直接接合を行う方法のこと。

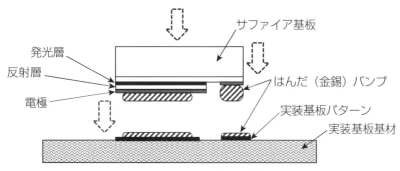

図1.3.1-1 フリップチップ実装

イ. ハイワット製品

青色LEDチップを多数単一パッケージ内に実装して、パッケージ1個で大光量を得ることが可能な製品である。多数のチップを高密度で実装するため放熱性は重要な要素となる。

基板は熱的拡散と反射特性が目的であり、耐熱耐光性の高い材料が要求され、セラミックやアルミなどが採用されている。基板が金属の場合、回路基板はガラスエポキシ樹脂に銅箔を積層したものが使用され、回路基板の配線は銅箔＋金めっきが一般的である。基板がセラミックの場合、回路はセラミックに直接形成する場合もある。

その他の構成はミドルワットと同様の考え方である。

ウ. CSP製品

LEDチップに封止樹脂＋蛍光体のみを付加した最小構成でできているパッケージ(電子部品)である。封止樹脂＋蛍光体は、色変換とチップの保護・光の取出し効率向上が目的であり、樹脂はシリコーン樹脂などが採用されている。超小型であることと機械的強度が低いため、実装の際には注意が必要である。

1.3.2 使用時の留意点

照明用途にLEDを使用する際には、熱的拡散、光の取出し効率、電気的導通を考慮する必要がある。ランプモジュール(ここではライン形のランプを想定)の例

を図1.3.2-1に示す。いくつかの白色LEDパッケージがライン状に配置されている。また、LEDパッケージ1個当りのエネルギーの消費の基本的な考え方を図1.3.2-2に示す。LEDパッケージが消費する電力(W_{use})は、光放射束(W_L)と単位時間あたりの発熱量(W_T)に分配される。したがって、電気的な損失すなわち発熱はできる限り低くし、かつチップから放熱される熱エネルギーを効率よく拡散させ、各部材における光の損失もできる限り低くすることが、ランプモジュールと

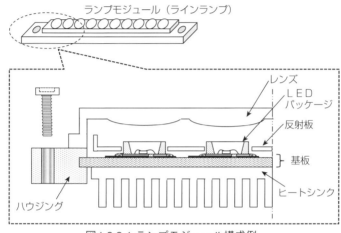

図1.3.2-1 ランプモジュール構成例

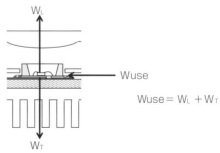

図1.3.2-2 ランプモジュールにおけるエネルギー消費の考え方

モジュール: ここでは、LEDパッケージを1つ以上含み、固定ができ、電気を供給することにより使用が可能な最小単位のもの。

放射束: 放射束は物理的な光の単位時間あたりのエネルギー量。単位W(ワット)。一方、光束は人間の見た目の明るさ。単位lm(ルーメン)。

しての光利用効率を向上させることにつながる。言い換えれば、取出し光量の向上は、得られる光量が向上するという効果のみならず、熱に変るエネルギーが低くなるということから、結果的にLEDの信頼性確保につながる。

　さらには、環境温度や外界環境(光・湿度・ガス・振動等)による経時的な変化に対しても考慮することが信頼性設計においては重要となる。それぞれの部材の劣化と取出し光量との関係の一例を参考までに図1.3.2-3に示す。それぞれの損失を総合的かつ長期的に最低限に抑えることが重要である。例えば、光路中に配置された樹脂の透過率や蛍光体が劣化するとそこでの光の損失が発生し、取出し光量が低下するので長期的使用に耐えうる材料の選定が必要となる。光路中に配置された部材のみならず、光の利用効率を向上させるための反射板や、ケースでの反射特性についても同様のことがいえる。また、熱的拡散の経路、例えば接合材の劣化、ヒートシンクとの密着性の劣化についても、そこでの放熱性が低下し、チップ温度が上昇し取出し光量が低下する。その結果として信頼性に影響が及ぶので、材料、接合方法等についても長期的な使用条件を考慮して選定することが重要となる。

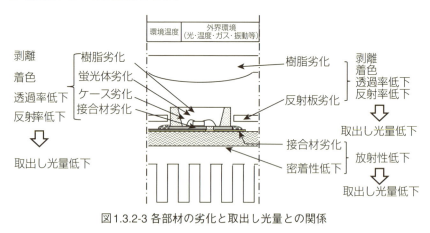

図1.3.2-3 各部材の劣化と取出し光量との関係

［参考文献］
1) ルネサステクノロジ:信頼性ハンドブック、2006、p1～p2
2) ルネサンステクノロジ:信頼性ハンドブック、2006、p14～p17

コラム

● LED照明の導入で、
安全・安心、健康生活の実現を ● 東海大学准教授　竹下　秀

　我が国では、LED照明が急速に普及し、家電量販店などでは蛍光ランプや蛍光ランプを使った照明器具よりも電球形LEDランプやLED照明器具を多く見かけるようになりました。また、街中でもLEDを使った照明を見かける機会が増えたのではないでしょうか？このようにLED照明は一般家庭などの主力照明として我が国ではその地位を確立しつつあります。これは、LED照明が従来の照明よりも省エネルギーであるという理解が広く一般に浸透したためと考えられます。しかし、LED照明の長所は単に省エネルギーであることだけではありません。従来の照明と比較すると数多くの長所があります。LED照明の長所を生かした照明を導入することで、私たちの生活空間の安全を確保し、私たちが安心して暮らせるだけでなく、私たちにとって健康的な生活を実現できます。

　LED照明の最大の長所は光の色を変えられることです(調色と呼びます)。リビングの天井中央にシーリングライトが取り付けられているご家庭が多いと思います。LEDを使った高機能型シーリングライトの場合、シーリングライト付属のリモコンで簡単に調色できます。さらに、明るさを変えることができます(調光と呼びます)。これは、生活の場面に応じた生活空間の雰囲気を、照明によって私たち自身の手で簡単に変えられることを意味しています。従来の照明で生活空間の雰囲気を変える場合には、照明器具本体や照明器具に組込まれている光源を取り換えなければならず大変な作業が必要です。それでは、私たちにとって健康的な生活を実現するためには、基本的にどのように光の色と明るさを変えればよいのでしょうか？

　私たちは体の中に時計を持っており、準24時間周期の生活リズムを生まれながらに持っています。しかし、この生活リズムは準24時間とある通り、地球の24時間周期ではなく、24時間よりも若干長いことが知られています。これを地球の24時間周期のリズムに合わせる働きをしているのが、朝の太陽光に含まれる青色の光です。この太陽光の働きはLED照明で簡単に実現できます。私たちがすっきりした目覚めを得るためには、朝目覚める少し前から青色成分の多い光を徐々に明るくすればよいのです。具体的には、昼光色・昼白色と呼ばれる光を徐々に明

るくなるようにすればよいでしょう。さらに、青色成分の多い照明は作業効率を高めることが知られています。朝から夕方までの労働時間帯は青色の成分の多い照明にするとより一層仕事がはかどるでしょう。一方、夕方から消灯・就寝までの時間帯は一日の仕事から解放され、睡眠に至るまでの安息時間です。この時間帯は青色の成分が少ない光を使用し、少し暗くすると効果的です。例えば電球色と呼ばれる光を選択し、こころもち暗めに点灯すればよいでしょう。LED照明は、このような調色・調光を簡単に実現可能なのです。この推奨する光の色や明るさの変化は、地上に到達する太陽光の一日の色や明るさの変化とよく似ています。すなわち、LED照明を使って調色・調光することは、一日の太陽光の変化を人工的に実現することであり、地下街などの太陽光の届かない空間で仕事をしている人にとって大切な照明なのです。

　LED照明のこの他の長所として、ランプ外郭にガラスを使用していないので割れないという特徴を持っています[1*]。小さなお子さんが長い棒でチャンバラごっこなどをして、天井に取り付けられている蛍光ランプを割って怪我をしたという話を聞いたことがあります。LED照明は、このような事故を防ぐことができます。

　以上のように、LED照明は、単に省エネルギーだけではありません。調色・調光ができるので、私たちの体のリズムを整えて健康的で、かつ効率的な生活が実現できるのです。さらに、蛍光ランプのように割れることがないので、特に小さなお子さんをもつ家庭や学校にとって優しい照明なのです。LED照明を導入して生活空間の安全を実現し、さらに、安心で健康的な生活を手にしてほしいと思います。

1*ランプ外郭にガラスを使っている製品も散見します。ご使用の際に製品ラベルをご確認ください。
(資料：LED照明の生体安全性について～ブルーライト(青色光)の正しい理解のために～)

LIGHT EMITTING DIODE

●●●第2章●●●
劣化のメカニズム

この章では寿命を左右する劣化現象に視点を置き、白色LEDパッケージ・ランプモジュールに劣化を引き起す要因を説明する。
1次要因は、LEDを駆動させることで劣化を誘引する直接要因。
2次要因は、1次要因が元で材料物性・機械的要素により劣化を誘引する間接要因。
3次要因は、パッケージ・モジュールの外界から劣化を誘引する環境要因。
として以下に説明する。

2.1 劣化の1次要因

　長寿命のポテンシャルが高いLEDであるが、無理な使い方をすれば劣化を招くのは当然である。LEDの故障モードを大別すると、突然の「不点灯」と光量が次第に低減していく「光束低下」があげられる。不点灯の場合は、LEDと並列に電気が流れてLEDが発光しなくなる「短絡モード(ショートモード)」とLEDへの給電回路のどこかが切断して発光しなくなる「断線モード(オープンモード)」に分けられ、電圧印加で電流が流れているか、いないかで判別が可能である。本節では光束低下を引き起す劣化要因と代表的な劣化現象について、紹介する。

　物理現象的に表現すれば、「劣化とは物質の反応が進み、より安定した状態に変化しただけ」ともいえる。LED製品を安定した状態で使用したいならば、反応を促進させないことが肝要である。反応を促進する物理パラメータを劣化の1次要因、1次要因が原因で劣化を引き起す要因を2次要因、1次要因・2次要因に影響を与える周囲環境を3次要因として、以下、説明する。また、LEDを駆動する電源については、LED製品の劣化のみならず、消費電力や製品安全性に対して重大な影響を与える要素であるので、基礎的な知識についてまとめた。

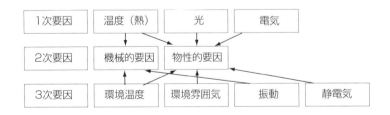

図2.1-1 劣化の要因関連図

2.1.1 温度(熱)

　反応を促進するパラメータとして、温度は最も重要なパラメータである。LEDチップは半導体なので原理的には良導体である金属よりも発熱する。したがって、第一に考慮しなければならない発熱源はLEDチップである。そのLEDチップの中身についても細分化でき、例えば直流電源に限定すればダイオードと内部抵抗による等価回路で記述できる。実際のLEDチップは電流を印加することでダイオードと内部抵抗それぞれに電圧が発生し、それぞれの電力損失に応じて熱が発生することになる。ちなみに、LEDの定格を超えて過度に電流を印加すれば、内部抵抗の電力損失の比率が著しく増大するので、「抵抗加熱ヒーターをつけてLEDチップを加熱している！」といった事態になりかねず注意が必要である。

　LEDの順方向電圧には数式で記述可能な温度依存性がある。したがって、LEDの順方向電圧を測定すればLEDチップの「内部」の温度を計測することが可能である。この温度を「ジャンクション温度」といい、LEDの温度管理はジャンクション温度に基づいてなされる。ジャンクション温度の測定については、電流-電圧特性がダイオード特性を示している領域で測定しなくてはならないこと、測定電流印加による発熱の寄与が無視できる測定方式を採用しなければならないこと、など注意が必要である。

　LEDチップのジャンクション温度を、単純なモデルで記述すると、

$$T_j = \Delta T_{j\text{-}b} + \Delta T_{b\text{-}a} + T_a = (R\theta_{j\text{-}b} + R\theta_{b\text{-}a}) \cdot P + T_a \quad (\text{式 2.1.1-1})$$

で表記される。

T_j ：LEDチップ発光部の温度、jはLEDチップの発光部(ジャンクション)の意味

T_b ：LEDが実装された基板の温度、bは基板(ボード)の意味
(図2.1.1-1 参照)

T_a ：照明器具の外側の温度、aは環境(アンビエント)の意味
照明器具周囲の気温

$\Delta T_{j\text{-}b}$ ：ジャンクションから基板までの温度差

$\Delta T_{b\text{-}a}$ ：基板からアンビエントまでの温度差

$R\theta_{j\text{-}b}$ ：ジャンクションから基板までの部材トータルの熱抵抗
[K・W^{-1}]

$R\theta_{b\text{-}a}$ ：基板からアンビエントまでの部材トータルの熱抵抗 [K・W^{-1}]

P ：消費電力

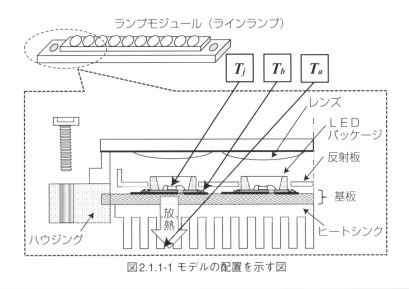

図2.1.1-1 モデルの配置を示す図

熱抵抗: 1W(ワット)あたりのある場所と別の場所の間に発生する温度差を示す。
単位℃・W^{-1} 又はK・W^{-1}。

すなわち、このモデルは、発熱したLEDチップ(ジャンクション)を起点とした熱流のほとんどが、LEDパッケージの実装されている基板を通じて、外部環境に放熱される、といった単純なケースを表しており、その他の放熱経路は無視できるケースである。逆にいえば、LEDチップの温度(ジャンクション温度)が基板を通じて外部環境へ放熱される構造によって決定されるケースである(図2.1.1-1)。現実のケースにおいては、照明器具内の空間の温度が上がることなどからわかるとおり、LEDチップの放熱経路は複雑であり、直列熱回路と並列熱回路が入り組んだ合成熱抵抗値として理解されるべきである。

さて、この単純なモデルによれば、LED照明器具において最も高温となる「LEDチップ発光部の温度」は、「環境温度」に「電流印加時の自己発熱による温度上昇」を加えた温度であるため、高温環境では印加できる電流値に制限を受けることになる。LEDチップのジャンクション温度が高温になるにつれ、LED関連製品に使われている樹脂、蛍光体、はんだ、電極金属、半導体結晶、といった材料が、概ねこの順に反応促進による変質や機械的不良を引き起こすことになる。

信頼性工学の分野では故障物理的なアプローチがいくつかあるが、温度に支配される故障・劣化のモデルとしてアレニウスモデルが知られている。なお温度以外のストレスの影響を扱うモデルとしてはアイリングモデル、累積損傷則などがある。

例えば、アレニウスモデルによる温度と故障率の関係については、次の式で

ジャンクション: LEDにおけるジャンクションとは、p型半導体とn型半導体の接合界面とその近傍のことを指し、電子と正孔が再結合して光に変換される部位を意味する。
アイリングモデル: 温度律速だけでなく、圧力等の複数の律速パラメータを含んで一般化したモデルの名前。
累積損傷則: 疲労や劣化の蓄積が、ある閾値を超えた場合に故障に至る現象をモデル化したものであり、ストレスの掛け方が異なっていても、それらの総和が、閾値に達したら故障するはずであるという原則。代表的なモデルとして、マイナー則と呼ばれる経験則があり、多くの材料の特性μが、$(\mu)=kt$という一次反応速度式にしたがって、劣化することが知られている。

表すことができる。この式は式1.2.2-2の逆数1／Lを故障率λととらえ、変形したものである。

$$\lambda_2 = \lambda_1 \cdot \exp\left\{\frac{E_a}{k_b} \cdot \left(\frac{1}{T_1} - \frac{1}{T_2}\right)\right\}$$ 　　(式 2.1.1-2)

λ_1：ジャンクション温度T_1での故障率
λ_2：ジャンクション温度T_2での故障率
E_a　：活性化エネルギー(eV)
k_b　：ボルツマン定数(8.617×10^{-5}eV・K^{-1})
T　：ジャンクション温度(絶対温度　K)

この式よりわかるように、同一故障モードであればジャンクション温度が高いほど、故障率は高くなり寿命は短くなる。

一方、低温環境においては、LEDチップや封止樹脂の化学的変化は抑制され、またLEDチップ半導体結晶の格子振動が抑制され、発光効率が維持できるなど、このような点では有利である。しかし、物理的な側面では、水分が浸入し凍結膨張することによる各所の剥離や、結露によるはんだ、めっき、銅箔パターンをはじめとした材料の吸湿起因の化学的変化などには注意が必要である。

また、屋外に設置される機器などは温度変化に対する耐性が必要である。耐性を評価する手法としては、低温と高温を昇温時間、降温時間を十分取って繰り返す熱サイクル試験や、瞬間的に低温、高温にする熱衝撃試験が知られている。

2.1.2　光

LEDはトランジスタなどの電子デバイスと異なり、「発光する」という点に特徴がある。劣化に関して、電力損失の面では発光して外部に放出されるエネ

故障率:故障を定義し、ある時刻から別の時刻までの間に故障する時間あたりの確率。

ルギー分だけ発熱が減るというメリットになるが、有機物の部材などが青〜紫外の高エネルギー光や、高密度の光に曝され、劣化を促進するといった点でデメリットになる。LEDチップあたりの光量は小さいが、発光部のサイズも小さいので、チップ周辺の光密度を考慮した材料設計、発光量仕様設計が必要である。

光をフォトン(光量子)で考えると、フォトン1個のエネルギーは波長によって異なる。波長が短い青や紫外光の方が、赤や赤外光よりもフォトン1個のエネルギーが高いため、例えば赤や赤外光のLEDで実績がある一般的な透明エポキシ樹脂が、青や紫外光のLEDでは黄変することが報告されている。さらに、フォトンの数が増えたり、フォトンの密度が増えれば、材料の変化を促進することになる。

2.1.3 電気

LEDは従来の光源と違って非常に低い電圧と小さな電流で点灯する。また、高速に点滅させることが可能といった特徴や、一方向にしか電流を流せないという特性がある。LEDを点灯させるためには、それらの特性を把握し、より最適な点灯回路および点灯制御を選定することが重要であるが、LEDの寿命を確保するためには、前述の温度・光以外に電気的要因による劣化についても把握しておかなければならず、LEDを突発的な電気的ストレスより守る設計が必要となる。

(1) 通電量

通常、LEDには定格電流が設定されており、信頼性を確保するためには、その値を超えないように設計する必要がある。順方向電流・パルス順方向電流・逆方向電流などの定格値がある。

光密度:単位体積あたりの光の量。LEDは発光量こそ少ないが、発光部体積も小さいので、使用している材料の単位モルあたりに照射される光密度は高く、材料にとっては、厳しい環境にさらされていることになる。

① 定格順方向電流は、指定温度条件(例えば25℃)にてLEDのアノードからカソード方向へ連続的に常時流しうる直流電流の基準であり、定格値以下で使用することにより長寿命が見込まれる。

② 定格パルス順方向電流は、LEDのアノードからカソード方向へ瞬間的に流しうるパルス電流の基準であり、パルス幅とともに設定される場合が多く、定格順方向電流よりも高く設定されている。

③ 定格逆方向電流は、LEDのカソードを基準電位とし、アノードに負のバイアス電圧を印加した時にLEDに流れてしまう漏れ電流(最大値)の基準である。また、逆方向電圧で規定される場合もある。

これらの定格値は各メーカーによってそれぞれ異なるため、実際の使用環境に応じて十分な確認が必要である。

(2) サージ

サージとは過渡的な過電圧や過電流全般を意味する。例えば、雷、配電系統の切替え、容量性や誘導性負荷の開閉、静電気放電などによって生じるが、一般的にサージといえば、雷サージのことを指す場合が多いようである。雷サージは、雷による直接・間接的に発生する異常電圧(電流)のことをいい、直撃雷と誘導雷の2種類に分けられる。直撃雷で発生する電流、電圧は雷サージ保護チップで保護するには桁違いに大きいため、完全に保護することは非常に難しい。誘導雷は雷雲がある限り発生する可能性があるので、被害の発生する頻度は誘導雷によるものの方が遥かに多い。

LED照明には商用電源が使用される場合が多く、当然電源装置には雷サージ保護が必要になる。

定格値:性能の保証基準となる値のこと。例えば、定格電流・定格電圧などをいい、特定の条件(負荷の種類・電流・電圧・頻度など)が前提となる。
直撃雷:電線路や建造物、アンテナ、機器などへ直接落雷すること。
誘導雷:送電線上空の雷雲が他へ放電したとき、放電前に送電線上に拘束されていた電荷が自由電荷になり、波高値の高い電圧進行波を生じる現象のこと。
商用電源:工業用や家庭用に供給される交流電源のこと。国内の家庭用としては、単相交流の100Vが最もポピュラーな商用電源として用いられている。

誘導雷による雷サージは雷サージ保護チップにより保護できるが、例えば屋外でLED照明を使用する場合には直撃雷による雷サージが発生する可能性もあるので、焼損事故による被害拡大が起こらないような対策を施すことが望ましい。

(3) 突入電流

LEDを点灯させる電源(回路)の種類によっては、次のような場合に定常的な電流よりも遥かに大きい電流が短時間流れることがある。

① 電源ONあるいはOFF時
② 通電時のLEDモジュールの抜き差し
③ 瞬時停電や瞬時電圧変動

その時の電流値は、絶対最大定格値(瞬時たりとも超過してはならない限界値)以下である必要がある。この値を超えて使用した場合には、LEDのみならず電源(回路)の信頼性を著しく低下させたり、破損する可能性があるので注意が必要である。

突入電流: 機器の電源を投入した瞬間に流れる定常的な電流よりも大きい電流のこと。

2.2 劣化の２次要因

1次要因である熱、光、電気などのエネルギーを受けて引き起される劣化要因としては、図2.2-1に示すように剥離・クラックなどの機械的要因と樹脂の変色・変質、金属の析出物等の化学的要因があげられる。

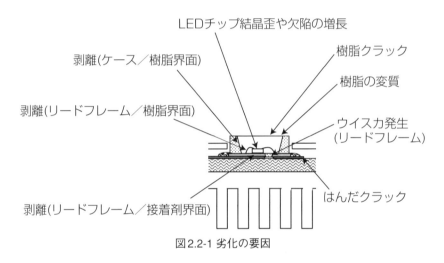

図2.2-1 劣化の要因

2.2.1 機械的要因

LED照明器具の寿命としては、光束が徐々に低下していく(暗くなっていく)光束維持率の寿命と、突然光らなくなるオープン・ショートによる寿命の２つが存在する。本項で取り上げる機械的要因は、前者の光束維持率の低下と、後者のオープン・ショート故障にそれぞれ作用する事項である。

(1) LEDチップに掛かる応力による結晶歪みや欠陥の増長

LEDチップはその発光色により様々な化合物半導体を単結晶基板の上に結晶成長させている。基板には本来、成長させようとする半導体結晶と同じ種類の結晶を用いるのが理想だが、一般にLEDチップに用いられる化合物半導体は大型の単結晶を製造するのが技術的に困難であり、また価格が高くなるという問

題があるため異種の物質を使うのが一般的である。例えば、赤色発光チップや赤外発光チップではガリウムヒ素(GaAs)が、青色発光チップではサファイア(Al_2O_3)やシリコンカーバイド(SiC)、シリコン(Si)等が用いられる。

このように、LEDチップは異種の基板の上に成長させた半導体結晶よりなるため、両者の格子定数や線膨張係数が異なることにより、LEDチップ内部に大きな残留応力が生じ、結晶歪の発生が助長される。

また、LEDチップは外部からも応力を受ける。LEDチップを実装する場合、実装基板や接合材料に対しても線膨張係数が異なるため、温度履歴によってはLEDチップにかかる応力が増大する。

LEDチップをLEDパッケージに固定する方法として、銀ペーストやシリコーンペースト等の接着剤、もしくはAu-Su等の共晶金属接合が用いられるが、その時に100℃～300℃くらいの実装温度が必要となる。LEDパッケージをこの実装温度から室温に戻した時に、その熱膨張係数の差によってLEDチップと実装基板や接合材料との間に残留応力が生じ、LEDチップの結晶歪の発生が助長される。

LEDチップとチップに接続するボンディングワイヤーとを封止する封止樹脂も、エポキシ樹脂など硬化後の硬度が高いものは、加熱硬化後の冷却収縮でLEDチップに応力を与える。

また、LEDの使用時においても点灯−消灯時の熱的変化の繰り返しによってLEDチップ内部の残留応力は変動し、疲労破壊により結晶中の欠陥が増長する可能性がある。

これら、実装時の残留応力や点灯−消灯時の熱的変化の繰り返しにより、LEDチップの結晶歪や欠陥が増長し、それらが阻害要因として働くためLED

残留応力:物体に作用する外力や拘束、不均一な温度分布が無いのに物体内に残留している応力のこと。
疲労破壊：材料に静的破壊を起こさない小さい負荷を繰り返し与えることによって生じる破壊のことをいう。

の発光効率は低下する。特に、高出力化のためにチップを大型化した場合や、チップからの放熱を促進するために用いられるアルミニウムや銅といった金属を実装基板に用いる場合には、熱膨張による変位が大きくなり、結晶歪や欠陥の発生確率が増大し、光出力が減少する可能性が高くなる。

(2) LEDパッケージ内部の断線

LEDチップとそれを接続するボンディングワイヤー(一般には金やアルミニウム)は、封止樹脂によって封止されるが、封止樹脂の硬度と熱膨張係数が大きい場合、応力によってボンディングワイヤーの弱い箇所が断線することがある。LEDパッケージメーカーでは、抜き取り試験によりワイヤーボンディング後のボンディングワイヤーの断線強度を測定し、その結果をワイヤーボンディング工程にフィードバックすることで、出荷後の断線故障の防止に努めている。その検査方法の一つであるワイヤープルテストでは、荷重計のフックにボンディングワイヤーを引っかけて引っ張り、断線時の荷重量[g]と断線モード(断線箇所の位置および状態)から良/不良を判定している。(図2.2.1-1)

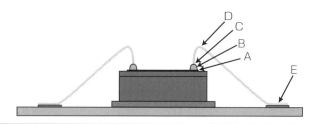

A:電極パッド/LEDチップ界面…NG	E:2ndボンディングワイヤー/電極パッド界面
B:ボール/電極パッド界面…NG	金残り有り…OK
C:ボールネック部…NG	金残り無し…NG
D:ワイヤーループ途中…OK	

図2.2.1-1 ワイヤープルテストの断線モード判定条件例（金ワイヤーの場合）

(3) 剥離

LEDチップを搭載するパッケージはリードフレームまたは基板、蛍光体、封止材などで構成され、それぞれ固有の材料物性を有する。これらに外部環境や

LEDチップ、および蛍光体の発熱により、低温・高温の熱が定常的に、あるいは不定期に継続印加されると、材料の線熱膨張係数の差で発生する界面応力により、界面の密着力が徐々に損なわれ、剥離が発生する場合がある。

LEDチップ／封止樹脂界面の剥離の発生は、光の放射経路に屈折率の低い空気層が入り込むため、光反射によって光量の低下を招く場合がある。また、LEDチップとパッケージとの接着部の剥離は、チップの放熱が損なわれるため、寿命を短縮させてしまう。

(4) 樹脂クラック

樹脂で形成されたケースや封止材は、低温・高温の温度履歴により樹脂クラックが発生する場合がある。LEDチップを封止している封止材のクラックは、LEDチップの電気的導通を確保しているボンディングワイヤー(金やアルミニウム)を切断して不点灯を誘発したり、光の放射経路が変わることで蛍光体入りLEDの色を変化させる場合がある。

(5) はんだクラック

パッケージの電気的導通を担うはんだ材は、低温・高温の温度変化や機械的振動を継続的に受けると、はんだ金属の結晶粒界部にクラックが発生する場合がある。(図2.2.1-2)

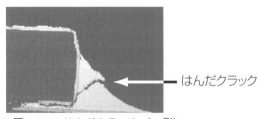

図2.2.1-2 はんだクラック（一例）

結晶粒界: 多結晶体における結晶の粒の界面のこと。はんだにおける α 相結晶と β 相結晶の界面に沿ってはんだクラックが進行することが知られている。

特に、最近使用されている鉛フリーはんだはヤング率が大きいという特性により、膨張収縮の影響を受けやすく、また硬くてもろいため、実装基板にたわみや曲げといった応力が加わると、はんだ接合部にクラックが生じやすい。さらに、鉛フリーはんだの各成分が、はんだ付けされる金属に拡散する速度が異なるために、加熱・冷却の温度サイクルが繰り返されるとはんだ部に空間(ボイド)が発生しやすく、やがてはんだクラックへと成長する場合がある。

2.2.2 物性的要因

(1) 樹脂の変色・変質

LEDを連続的に点灯し続けると封止材である樹脂が黄変し光量の低下を招くことがある。LEDおよび蛍光体や外部環境からの熱エネルギーの印加により樹脂の格子振動が激しくなる。格子振動は、樹脂の炭素2重結合を開環し、炭素は外部からの水分と結合した酸化物となり発色団を形成する。この発色団は樹脂の黄変として確認できる。短波長の光も同様の現象を発生させる。青色LED光などの短波長光は、光子エネルギーが強く樹脂の共有結合を直接切断し、熱エネルギーと同様の現象を引き起す。

(2) 金属マイグレーション

銀(Ag)マイグレーションがよく知られているが他の金属でも発生する可能性はある。基板実装したコンデンサー、抵抗等の金属電極(例えばAg電極)間に電圧を印加すると空気中の水分等により正電極でイオン化した金属イオン、例えばAg^+が負電極に移動析出し、電気的なショート現象を引き起す場合がある(図2.2.2-1)。この現象を金属マイグレーションという。金属マイグレーションは高温高湿下で高電圧を印加すると発生しやすいが、5V程度の低電圧の印加でも発生する場合がある。金属マイグレーションの防止には、部品実装基板への水分の浸入を防ぐことやフラックス残査を残さないことが重要である。

ヤング率: 同軸方向に物質を引っ張り、その時の引っ張り応力と単位長さあたりの物質の伸びとの比を表す。

第1部 基礎編 ● 第2章 劣化のメカニズム

　　　　　　　　　　　　　　金属マイグレーション
図2.2.2-1 金属マイグレーション(一例)

(3)ウィスカ

　ウィスカ(whisker)は、本来ネコ等の動物のヒゲの意味である。エレクトロニクス分野では、金属がネコのヒゲ状になったものをウィスカと呼んでいる。

　このウィスカが部品実装基板に発生した場合、配線や端子間ショートの原因となり、誤動作を引き起こす可能性がある。

　錫ウィスカが、LEDの劣化に関係する可能性がある。錫ウィスカは、電子部品の端子に施されている錫系めっきと、はんだから発生する可能性がある。

　錫系めっきは、鉛フリーはんだめっきとも呼ばれ、Sn-0.2Bi、Sn-3Ag、Sn-0.5Cu、純錫のめっきが一般的である。はんだは、SAC305と呼ばれるSn-3.0Ag-0.5Cu組成の鉛フリーはんだが一般的である。これらめっき、はんだともに、錫の濃度がSn-Pb時代よりも高くなってきたことで、錫ウィスカが発生しやすくなっていると考えられている。

　ウィスカは、圧縮応力が原因で発生する。

　めっき皮膜の圧縮応力は、下記要因から発生する。

　・基材金属と錫の相互拡散(金属間化合物の成長)
　・基材金属と錫の温度変化による圧縮・膨張率の違い(線膨張係数の差)

61

・錫の腐食(金属酸化物による体積膨張)
・接触等による外からの機械的圧力(コネクタ接続)

はんだに発生する圧縮応力は、はんだの腐食(金属酸化物による体積膨張)によるものである。

ウィスカの成長期間は長いものもあり、10000時間を経過してから問題が発生することがあるので、対策には十分な注意が必要である。

金属の拡散を抑制する対策として、電子部品の端子めっきにはSn-Bi、Sn-Ag等の錫合金めっきを適用することが望ましい。

銅基材の場合、銅の拡散を防止する意味で、ニッケルめっきのバリア層を設けるのも効果的である。また錫めっき後のアニール処理(150℃,1時間)も一定のウィスカ抑制効果を示すが、ウィスカ発生までの潜伏期間が延びるだけであり、長期間のウィスカ抑制対策としては注意を要する。

基材が42合金(Fe-42Ni)のような鉄系合金は、拡散による応力増加を考えなくてよい。しかし、圧縮・膨張率が錫と大きく異なるので、温度変化の激しいことが予想される場合では、基材と錫系めっき間の圧縮・膨張の差によって、めっき皮膜に応力がかかり、ウィスカが発生する可能性がある。したがってそのような基板は、鉄系基材を用いた部品を使うことを避けて、銅系基材を使うべきである。

めっき皮膜およびはんだの腐食は、湿度に因るところが大きい。例えば浴室に使われる場合、部品実装基板の湿気対策は重要である。

機械的圧力に関しては、主にコネクタ接続が問題とされる。特に狭ピッチの場合、金めっきの仕様で対策する他に、部品設計で、接圧を弱くする等の対策が考えられる。

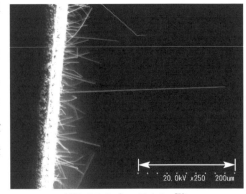

図2.2.2-2 ウィスカ(一例)

2.3 劣化の3次要因

　LED照明の寿命は使用しているLEDの特性の他に、使用環境によっても大きく影響を受けるため、照明器具の設計においては使用環境を十分考慮する必要がある。
　ここでは、一般的な使用環境条件による劣化について説明する。

2.3.1　環境温度

　第1部第2章2.1.1で述べた通り、LEDチップのジャンクション温度は、周囲温度とLEDの発熱による温度上昇分の和となるので、LED照明は使用する場所の環境温度が高くなる程、劣化が加速される。
　したがってLED周囲温度が上がらないよう、LED照明器具が設置される場所等を考慮するとともに、なるべく低いジャンクション温度になるような放熱設計とLEDの消費電力を低く抑える工夫が必要となる。また、照明器具の設置においても器具上部にグラスウールやダクトを密着させる場合は、その条件に適合した器具を選ぶ必要がある。

2.3.2　環境雰囲気

　LED照明は、一般の照明器具と同様に照明器具を設置する環境雰囲気で劣化が加速する場合がある。これは、使用環境下に硫化ガス、塩素などの発生要因がある場合、LED樹脂部および接合部にダメージを与えるほか、リード等金属部分が腐食することに起因する。このため、設置場所によっては、耐腐食構造で器具を構成する必要がある。

(1) 湿気による電極酸化・樹脂膨張

　高湿の場所で使用する場合、電極部の酸化が促進される。また、樹脂も水分を吸湿して自ら脆くなったり、膨張しチップに応力を加えたりする場合がある。

(2) 硫化腐食

温泉地等で使用する場合、または機器の使用部材に硫化ガスを発生する樹脂等を使う場合は、耐腐食構造の検討が必要である。

(3) 塩分腐食

潮風の当たる場所等で使用する場合は、リード部等が腐食するため、耐腐食構造の検討が必要である。

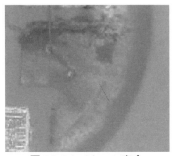 

図2.3.2-1 パターン腐食　　　図2.3.2-2 リード付け根腐食

2.3.3 振動

LED照明は蛍光灯や電球よりも振動や衝撃に強いが、常にそれらが加わる場所(道路灯、自販機、機械加工工場等)への設置および製品輸送に際しては、その条件に則した対策が必要である。

予想されるトラブル例

・筐体等を組立ているネジのゆるみ
・コネクタ等接続部分の接触不良
・内部配線等の断線
・LEDパッケージ等のはんだ付け部のクラック

これらは加えられた振動で当該部材が共振することによって引き起こされる。

はんだクラック:ヒートサイクル評価等による機械的な応力によって発生するはんだの不具合の1種。初期は表面にひび割れが発生し、内部に亀裂して進行し、最終的に断線する。

したがってLED照明器具の機構設計においては振動試験機等を活用し、想定される振動周波数の領域で共振点を持たせない構造とすることが必要である。

2.3.4 静電気

(1) 静電気の発生要因

　LED照明は一般照明に比べ静電気に弱く、特に組立段階でのLEDチップは静電気放電により特性の劣化を生じることがあるので、十分に静電気対策を行なう必要がある。ここでは静電気の発生原因として各モデルについて説明する。

① 人体モデル(HBM)
　　人体に帯電した電荷がLEDチップに放電した場合のモデル。
② マシンモデル(MM)
　　金属製機器に帯電した電荷がLEDチップに放電した場合のモデル。
③ パッケージ帯電モデル(CPM)
　　LEDパッケージ同士が擦れ合い帯電した電荷がLEDチップに放電した場合のモデル。
④ デバイス帯電モデル(CDM)
　　LEDパッケージの導電部に帯電した電荷がLEDチップに放電した場合のモデル。

(2)静電気による故障モード

・リーク電流の増加
・順方向電圧の変動
・ショートあるいはオープン

(3)対策

　LEDチップおよび器具などの製造工程において、静電気破壊に対する防止対策について基本的な方法について説明する。

マシンモデル:JEITA-ED-4701/302ではマシンモデルは削除された。

① LEDチップの保護
静電気により発生した過電圧が、直接LEDチップに印加されないようにツェナーダイオードなどで保護する。
② 電荷の発生を抑制する
湿度管理を行い、電荷の発生しやすい材質や組み合わせを避けるなど、静電気の発生しにくい環境にする。
③ 帯電した電荷を除電する
金属など導電部に帯電した電荷は、アースを施し除去する。この場合、急激な電荷移動を発生させないように、1MΩ程度の抵抗を介してアースすることが基本である。また、絶縁物はアースの効果がないため、帯電した電荷を中和するための正負イオンを発生するイオナイザーの使用が推奨される。

2.4 電源に関する要因

　LEDが劣化する要因は先に述べた通りであるが、LEDを点灯させる電源の種類によっても、LEDの寿命は大きく左右される可能性がある。LED照明用の電源には様々なものが使用されており、それぞれ特徴を持っていることから、一概にどのような電源がLED照明に最適であるかを判断するのは難しい。そこで、ここでは一般的に使用されているLED照明用の電源(点灯方式)の一例を紹介し(表2.4-1)、その特徴やLED照明の寿命を長く保つための注意点についてそれぞれ説明する。

表2.4-1 LED照明用電源の特徴比較

交流点灯方式	定電圧点灯方式	定電流点灯方式	デューティー制御方式
・回路が単純 ・ノイズを発生しない ・電源の効率が高い ・負荷変動に弱い ・電流変動大きい ・力率が悪い	・回路が比較的単純 ・ノイズを発生する(スイッチング電源を使った場合) ・電源効率がやや悪い ・電源変動(LEDの発熱によるVf変化)に弱い	・負荷変動(LEDの発熱によるVf変化)に強い ・ノイズを発生する(スイッチング電源を使った場合) ・電源効率がやや悪い	・調光制御が容易 ・ノイズを発生しやすい ・回路が複雑 ・電源効率がやや悪い

2.4.1　交流点灯方式

　LEDを一般照明用として用いる場合、商用(交流)電源に直接接続して使用される場合がある。LEDを点灯させるには、LEDに順方向電圧をかけなければならないため、例えば図2.4.1-1のように整流素子を接続して点灯させる方式や図2.4.1-2のようにLEDを双方向に接続して点灯させる方式がある。また、商用トランスや電子トランスが使用される場合もある。

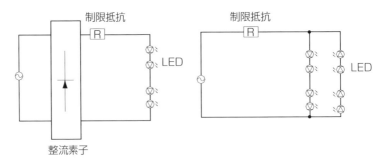

図2.4.1-1 交流点灯方式(整流素子)　　図2.4.1-2 交流点灯方式(双方向)

　この方式の利点は、コストパフォーマンスに優れている点である。安全性を考慮するとヒューズやコンデンサー、インダクター等で構成されるEMCフィルタなどは必要であるが、基本的にはLEDと直列に接続された抵抗だけで容易に点灯させることが可能であるため、大幅な部品の削減が実現できる。LED以外の部品が少なくて済むということは、それに起因する劣化も少ないといえる。

　その反面この方式は、商用電源の電圧変動でLEDに流れる電流が大きく変化し過電流が流れる恐れがある、その保護のために入れる制限抵抗の電力損失が馬鹿にならず効率を低下させる、LEDの立ち上がり電圧を超えないと電流が流れないため電圧波形と電流波形が比例せず力率が悪い、商用電源からのサージでLEDチップが破損する可能性がある、といった欠点がある。

　この問題を克服するため、専用の制御ICを用いた改良型の交流点灯方式(LEDストリング駆動方式)が考案されている(図2.4.1-3)。この方式では、各LEDは制御ICの各ラダー出力間に接続されており、入力電圧の大きさにしたがって制御ICの各ラダー出力が低電圧側から高電圧側に向かって順に導通していく。こうして入力電圧の大きさに追従して点灯させるLEDの数を増減させていくことで、電圧波形と電流波形の比例性が図られて力率と安全性が改善し、また制限抵抗を減らせるため効率も向上する。

　しかしこの方式では、低電圧側のLEDがいつも点灯する一方で高電圧側の

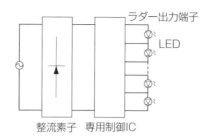

図2.4.1-3 改良型交流点灯方式(LEDストリング駆動方式)

LEDは短期間しか点灯しないため、LED間の発光の強弱が生じてしまうという欠点がある。これをカバーするために、LEDの配置を工夫して光ムラをなるべく目立たせなくするなどの対策が必要である。

なお、電気用品安全法の技術基準の解釈では、商用電源の周波数域では発光強度がゼロになる期間があってはならないので、コンデンサーを入れるといった処置が必要である。

2.4.2 定電圧点灯方式

LEDに印加する直流電圧を一定にすることで、所望のLED電流を確保する方式で、制限抵抗式とも呼ばれる。一般的には定電圧タイプのスイッチング電源が採用される場合が多い。スイッチング電源は、入力された電源電圧を半導体チップにより高周波でスイッチングして、トランスにより電圧を変換、整流・平滑してLEDを点灯させるのに必要な直流電源を得ている。スイッチング電源は市販されているものを使用すれば、比較的安価に点灯回路が実現できる。

図2.4.2-1は点灯回路の一例であるが、LEDに直列に制限抵抗を接続したものをさらに並列に接続していく方式が多いようである。ただし、LEDの順方向電圧(V_f)がバラツキや自己発熱により変化した場合、LEDに流れる電流も変化するため、明るさに影響を及ぼしたり、さらなる発熱で寿命に影響を及ぼしたりする可能性がある。また、1系統のLEDが開放状態で破損した場合でも、その

他の系統は点灯するという利点はあるが、短絡状態で破損した場合はすべてのLEDが不点灯になる恐れもある。

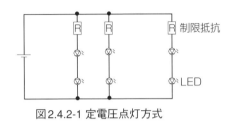

図2.4.2-1 定電圧点灯方式

2.4.3 定電流点灯方式

　LEDに流れる電流を一定に制御する方式で、LEDの順方向電圧(V_f)のバラつきや周囲温度が変化してもLEDの順方向電流が変化することはない。照明用で使用される高出力LEDは、電流値の変化によって明るさが大きく変化してしまうため、定電流タイプの電源と組み合わされるケースが多いようである。最近では、高出力LED用の電源として一般に市販されるようになっている。

　図2.4.3-1は点灯回路の一例であるが、この方式は定電圧点灯方式と違い直列に制限抵抗を接続しない。比較的大電流を流しても抵抗による損失がないため効率が良いといえる。定電流タイプのスイッチング電源は、通常LEDの直列接続数が変化しても問題なく点灯することが可能であるため、万が一LEDが短絡破損した場合においても順方向電流が変化することはない。しかし、LEDが開放状態で破損した場合は、その他すべてのLEDは不点灯になるため注意が必要である。

図2.4.3-1 定電流点灯方式

2.4.4 デューティー制御方式(パルス点灯方式)

LEDの明るさを制御する方式の一つで、一定の順方向電流で点灯しているLEDを高速に点滅させることにより、見た目の明るさを制御する場合に一般的に使用される。ここでの"デューティー"とは、点滅周期(点灯時間T_{ON}＋消灯時間T_{OFF})に対する点灯時間T_{ON}の割合を百分率で示したものである(図2.4.4-1)。

図2.4.4-2は点灯回路の一例であるが、定電圧点灯方式を応用した形になっている。制御回路でデューティーを操作してスイッチを高速でON／OFFすることで容易にLEDの明るさの変更が行える。

この方式はノイズが発生しやすいというデメリットがあるため、照明機器で使用する場合は注意が必要である。また電気用品安全法の技術基準の解釈ではパルスの周波数が500Hz以上であることが定められている。

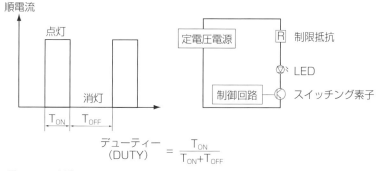

図2.4.4-1 制御タイムチャート　　図2.4.4-2 デューティー制御回路

$$デューティー(DUTY) = \frac{T_{ON}}{T_{ON}+T_{OFF}}$$

ノイズ：一般的に電気信号や電波の乱れのこと。「雑音」という意味。狭義では、電源回路に発生するスイッチングノイズのこと。他の電子機器に対して影響を及ぼす場合がある。

LIGHT EMITTING DIODE

●●● 第3章 ●●●
各部材の諸特性

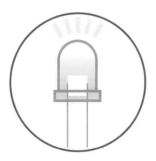

この章では白色LEDパッケージとランプモジュールを構成する主要部品の諸特性と、その諸特性を加味した設計、組付け、使用における留意点を解説する。特に寿命を左右する構成部品として
1)光源であるLEDチップ
2)白色化に必要不可欠な蛍光体
3)チップと蛍光体を保護し光の取出しを助ける封止材・接着剤
4)チップと蛍光体を収めるケース
5)パッケージより熱を逃がす基板
6)光を効果的に配光させると同時に外界からパッケージを守る光学部品
について説明する。

3.1 青色LEDチップ

　一般的に普及している白色LEDは、InGaN系青色LEDチップと蛍光体を組み合わせた構成である。模式図を図3.1-1に示す。

　青色LEDチップに要求される性能は、高効率・高出力・耐静電気性能・耐温度性能等があげられる。本節では、青色LEDチップの基本構造と放熱の観点からの特徴、信頼性に対する留意点について述べる。

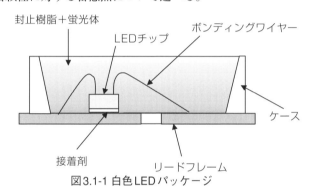

図3.1-1 白色LEDパッケージ

3.1.1 基本構造

　白色LEDにおける発光源である青色LEDチップの代表的な構造を図3.1.1-1に示す。青色LEDチップは、p型、n型半導体とその間にInGaNの発光層(MQW)を要する半導体結晶である。

　通常、加工されたサファイア基板上に結晶成長されたn型窒化物半導体層と発光層、p型窒化物半導体層、透明電極から構成されている。青色LEDチップメーカー各社は、各層を構成する結晶の品質を向上させることや、構造、形状の工夫をする事で、高効率・高出力の青色LEDチップの実現を競っている。

InGaN:窒化インジウムガリウム(InGaN:Indium Gallium Nitride)と呼ばれる半導体結晶のこと。

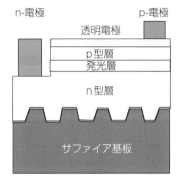

図3.1.1-1 青色LEDチップの代表的構造

3.1.2 青色LEDチップの劣化・故障要因

(1) 温度(発熱)

青色LEDチップは光源であると同時に熱源でもある。そのためLEDチップ内部で

①効率よく電気を光に変換する(=熱の発生を抑制する)

②発生した熱を放熱する

ということが、青色LEDチップおよびLEDパッケージの信頼性を高めるために極めて重要である。

LEDチップに多大な熱が加わった場合、構成する材料や周辺材料の耐熱性が限界を超えることにより、熱膨張係数の違う材料間に歪が生じ破壊につながる可能性が考えられる。

青色LEDチップ自体の放熱性を考慮するためには、それを形成する素材の特性に注意しなくてはならない。基板にはサファイア、SiC、Si、GaNが用いられるが、熱伝導率では、SiC基板、線膨張係数ではGaN基板が有利である。しかしこれらは、サファイヤ基板よりもコストパフォーマンスが低いのが実情である。

SiC基板: 炭化珪素(SiC:Silicon Carbide)からなるLEDの結晶成長用基板。特徴として高い熱伝導率と導電性材料であることがあげられる。

一方、Si基板は高いコストパフォーマンスを目指して開発が進められている。参考値として青色LEDチップを構成する基本材料の諸特性を表3.1.2-1に示す。

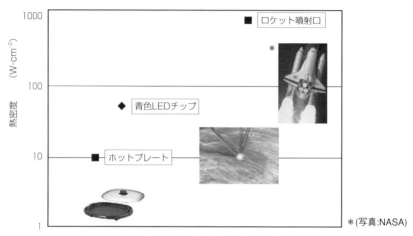

図3.1.2-1 熱密度のイメージ

表3.1.2-1 青色LEDチップを構成する基本材料の諸特性

	線膨張係数 [10^{-6}・K^{-1}]	熱伝導率 [$W・m^{-1}・K^{-1}$]
サファイア	7.5 (a軸)* 8.5 (c軸)*	30
SiC	4.2 (a軸)* 4.68(c軸)*	420
Si	2.4	149
GaN	5.59(a軸)* 3.17(c軸)*	130
透明電極(ITO)	7.2	8.18
金	14.2	319

＊結晶軸を表す。

線膨張係数:温度上昇に対する長さの変化率。

(2) 電気的ストレスによる故障

　青色LEDチップの電気的ストレスによる劣化現象については、ESD(静電気放電)やEOS(電気的オーバーストレス)による突発的な劣化モードがあげられる。ESDやEOSによる故障は、局所的に低耐電圧部位が存在することが原因と考えられる。

　これはサファイア基板とGaN結晶との格子定数差で発生する結晶欠陥によるものである。この結晶欠陥により、青色LEDチップは過去に耐電圧が低い傾向にあったが、現在ではチップ層構成の改善が進み、高耐電圧のLEDチップも製品化されている(HBM2000 V以上)。

　ESDにより劣化した青色LEDチップは、故障の判定方法として微小電流域の電気的特性を評価する方法が活用されている。照明の用途によっては、LEDパッケージに静電気保護チップを搭載したものもあるが、青色LEDチップの耐電圧を確認したうえで十分な静電気対策を講じることが重要である。

3.1.3　実装方法と放熱性

(1)　WBタイプ

　InGaN系青色LEDチップの実装方法は二種類に大別され、一つはn側およびp側電極が発光層に対して上面に配置され、ワイヤーボンディングにより電気的接合を行うワイヤーボンドタイプ(以下WBタイプ)である。WBタイプは、一般的なワイヤーボンダーを使用するため現在でも主流であるが、図3.1.3-1に示すように、ボンディングワイヤーの影による光量低下や、透明電極による光取

ESD(静電気放電): 静電気を帯びた物体から異なる電位の物体に電荷が短時間に流れる現象(ESD:Electro Static Discharge)。
EOS(電気的オーバーストレス): 規定値を超える電気的なストレス(EOS:Electrical Over Stress)。
ワイヤーボンディング: 半導体チップの電極とリードフレーム等の外部電極を金やアルミの極細線で接続し、電気的に接合すること。

出しロス等の影響がある。また青色LEDチップの発熱について考えた場合、熱伝導率のあまり良くないサファイア基板を経由しての放熱が前提になる。

① 白色LEDにおける発光の源であるGaN系青色LEDチップはpn接合を有した半導体結晶であり、その構造は3種類に大別される。発光層に電流を供給するn側およびp側電極が発光面と同一面にある横通電型のFace Up(フェイスアップ:以下FU)タイプとFlip Chip(フリップチップ:以下FC)タイプ、および導電性基板に電極を設けている上下通電型のThin Film(シンフィルム:以下TF)タイプがある。FUタイプの青色LEDチップの代表的な構造を図3.1.3-1に示す。

② TFタイプの青色LEDチップの代表的な構造を図3.1.3-2に示す。

p側を絶縁層を挟んでメタルによってSi(シリコン)などの支持基板に貼りあわせ後、結晶成長に用いた基板を剥離する。これによりn-GaN層が表面層になる。Si支持基板は導電性であり、図3.1.3-2に示すように、裏面電極と接合メタルとともにn電極の役割を担っている構造となっている。

これまで高品質なGaN結晶を得るために、GaNと格子定数が比較的に近いサファイア基板やSiC基板が結晶成長に使われていた。しかしこれらの基板は高価である。

そのため、近年GaNをSi基板上に結晶成長し、青色LEDデバイスを作

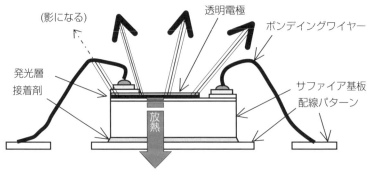

図3.1.3-1 WBタイプ(FUタイプ)

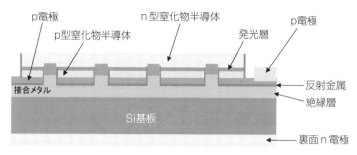

図3.1.3-2 TFタイプ

るGaN-on-Si (ガン・オン・シリコン)技術が注目されている。GaN-on-Si技術は、広く普及しているSi基板を使うことにより、将来のLED照明市場をさらに拡大させる可能性を持っている。また最先端のSi技術をLEDに取り入れることにより、デバイスの性能や生産性も高めることができる。

③ TFタイプで使用するSi基板はサファイアよりも熱伝導性が優れている。したがって放熱性の観点ではTFタイプが有利とされて、近年この構造を採用したLEDが増えている。

④ Si基板によるTFタイプの青色LEDチップもWBタイプとなる。図3.1.3-3に示すように青色LEDチップの放熱性を考える場合、TFタイプでは発光層から発生した熱は接合メタルを経由してSi基板により放熱するため、放熱性の観点では、TFタイプが有利になる。そのためTFタイプ青色LEDチップは発熱が大きい大電流で駆動するハイパワー白色LEDへの期待が大きい。

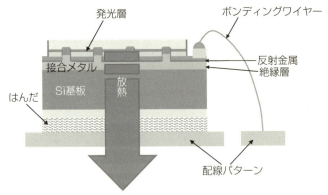

図3.1.3-3　WBタイプ(TFタイプ)

(2)FCタイプ

もう一つはn側およびp側電極を上下反転させて実装し、電気的接合を行うフリップチップタイプ(以下FCタイプ。英語で反転する意をフリップという)である。実装にはワイヤーボンダーではなくフリップチップボンダーが必要になるが、FCタイプはボンディングワイヤーや透明電極による光量ダウンの影響が無く、高輝度化が実現可能である。また放熱性においても図3.1.3-4に示すように、発光層での発熱を比較的短距離で実装基板へ放熱できるFCタイプの方が、LEDチップの寿命に最も影響のある発熱を低減させることが可能である。ただし、WBタイプより電極間が近いためショートに注意が必要である。

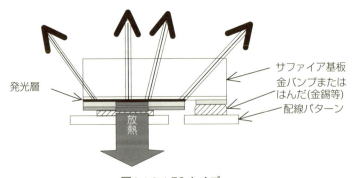

図3.1.3-4 FCタイプ

3.1.4 実装方法に応じた留意点

　白色LEDの信頼性を左右する上で最も重要なことは熱への配慮である。これはLEDパッケージの放熱設計のみならず青色LEDチップの実装方法や構造を含めた熱への配慮が必要である。表3.1.4-1に実装方法や構造別の長所、短所を示す。各々に特徴があるが、要求仕様により実装方法を選択せざるを得ないため、短所をカバーする方策が信頼性確保のためのポイントになる。

表3.1.4-1 WBタイプとFCタイプの長所と短所

		長所	短所	
WBタイプ	FUタイプ	・従来装置のダイボンダー、ワイヤーボンダーで実装が可能	・封止樹脂の熱歪によりボンディングワイヤーに断線の危険性がある ・ボンディングワイヤーの影により光量低下がある	・サファイア基板の熱伝導性が良くないため効率よく放熱ができない
	TFタイプ	・従来装置のダイボンダー、ワイヤーボンダーで実装が可能 ・Si基板の熱伝導性がよく放熱性が良い		・Si基板の光吸収により光量低下がある。
FCタイプ		・ボンディングワイヤーが無いためワイヤ断線が発生しない ・ボンディングワイヤーが無いため小型化・高集積化が可能 ・透明なサファイア基板側から光を取り出せるため光量UPが可能 ・ボンディングワイヤーの影がないため均一な発光面が得られる ・ジャンクションからの発熱を効率よく放熱が可能	・金バンプ方式の場合、特別な実装装置(フリップチップボンダー)が必要であり実装条件の確立が難しい ・金バンプ方式の場合、バンプ数が多くなると実装時の超音波によるLEDチップへの負担が大きくなる ・はんだ方式の場合、高温で実装するため、周辺部材への熱影響に注意が必要 ・実装基板との線膨張係数の違いによるクラックや剥離に注意が必要 ・ボンディングに時間がかかり生産性が悪い	

金バンプ: 金からなる突起状の電極のこと。バンプボンダーによるスタッドバンプがある。
金錫はんだ: 金と錫の合金からなるはんだ材で、その割合により融点280℃と融点217℃に共晶点をもつ。共晶とは異なる融点の金属化合物が互いの融点より低いある一定温度(共晶点)で同時に溶融したり固体化すること。

3.2 蛍光体

蛍光体は種類により大きく特性が異なるので、その蛍光体の性質に適した利用方法が重要である。

図3.2-1に一般的な白色LEDパッケージにおいて蛍光体が使用されている箇所を示す。この例では蛍光体は青色LEDチップ上に樹脂で分散された状態で配置され、青色LEDチップより放射された光の一部を黄色光に変換する機能を負う。その結果、パッケージより放射される光は青色光と黄色光が合成され、白色光となる。以下にその蛍光体の特性の説明と、信頼性に対する留意点について述べる。

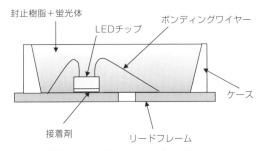

図3.2-1 白色LEDパッケージ

3.2.1 蛍光体が使用される各種の白色LEDの特性

市販されている白色LEDは概ね以下の3タイプがある。最近では、蛍光体入りシリコーン系シートやナノ蛍光体が注目されている。

(1) 青色LEDチップと黄色蛍光体を組合わせたタイプ

このタイプは、GaN系青色LEDチップとCe付活ガーネット系黄色蛍光体 $Y_3Al_5O_{12}:Ce$(以下、YAG)または、アルカリ土類金属オルソシリケート黄色蛍光体$(Ba, Sr, Ca)_2SiO_4:Eu$(以下BOSE)の組合わせがよく用いられている(図3.2.1-1)。近年、温度特性やLED耐久性の改善を目的とした窒化物黄色蛍光体(La, Y)$_3Si_6N_{11}:Ce$(以下、LYSN)も開発されている。

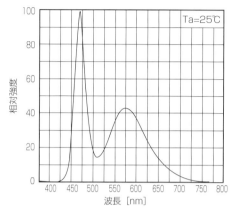

図3.2.1-1 青色LEDと黄色蛍光体を組み合わせた
白色LEDの発光スペクトル(例)

　このタイプに使用される蛍光体は、変換効率が高く、白色LEDとして優れた発光効率が得られる。しかしLEDからの青色光と蛍光体からの黄色光の混合により白色光を得ているために照明に使用する場合に演色性が低いことが課題となっている。また、LEDからの青色光の一部が蛍光体層を透過し、他の一部が蛍光体を励起して黄色の蛍光に色変換されてあらゆる方向に発光するために、青色透過光と黄色蛍光の混合比が方位によって異なることが課題となっている。

(2) 青色LEDチップと緑色蛍光体および赤色蛍光体を組合わせたタイプ

　先のタイプの白色LEDの演色性を改善するために、黄色蛍光体の代わりに緑色蛍光体と赤色蛍光体を用いたタイプである。緑色蛍光体には青色LEDチップの光を吸収して広帯域に緑色発光するCe付活酸化物蛍光体$Lu_3Al_5O_{12}$:Ce(以下、LuAG)や$CaSc_2O_4$:Ceがある。この他に、比較的半値幅が狭い発光帯を持つ窒化物蛍光体Eu付活βサイアロンは、液晶のLEDバックライト用として使用されている。また、赤色蛍光体には窒化物蛍光体$CaAlSiN_3$:Euが使用されている。やや短波長発光を示す(Sr, Ca)$AlSiN_3$:Euも輝度を向上する目的で使用されている。

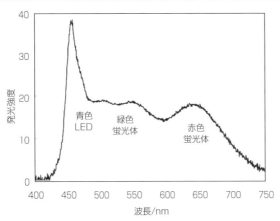

図3.2.1-2 青色LEDと広帯域発光の緑色蛍光体と赤色蛍光体を使用した白色LEDの発光スペクトル

(3) 近紫外もしくは紫LEDチップと青・緑・赤色蛍光体を組合わせたタイプ

このタイプは、発光色のばらつきを抑えるとともに演色性を上げるために、近紫外域もしくは紫に発光するLEDと青色、緑色、赤色の3色の蛍光体を組合わせ、低照度下でも彩度が高く、視認性の高い白色LEDを実現している。しかし、近紫外励起蛍光体の変換効率が低いこと、さらにはパッケージ材料の近紫外光劣化対策などが必要であり、課題は青色LEDチップと蛍光体を組合わせたタイプより多い。

(4) 蛍光体入りシリコーン系シート

このタイプは、上述した蛍光体を含有したシリコーンシートで、一般的な白色LED製造時の蛍光体塗布プロセスを簡略化し、製造時に発生する蛍光体凝集や濃度バラつきを抑制できる可能性がある。特に、薄型面発光のLEDでは、製造コストを下げる目的で期待されているが、実際には蛍光体分散の均一性、厚みおよび光散乱のコントロールが難しく、シートの量産時における面内の色ムラ改善などの課題がある。

励起: ある安定状態からエネルギーの高い状態に移行すること。蛍光体の場合、光エネルギーを与えることで、蛍光体内部の電子が結晶のエネルギー準位の高い状態に一旦移行し、元のエネルギー状態に戻る過程で、異なる色の光を放出する。

(5) ナノ蛍光体

このタイプは、半導体の結晶サイズを小さくしていくとバンドギャップ幅が変化することを利用し、可視域での発光波長を任意に実現することができる。最もよく知られているのは、カドミウムセレン系ナノ蛍光体であるが、環境にやさしいカドミウムフリーのナノ蛍光体の研究開発も盛んである。一般に、ナノ蛍光体は直径数ナノメートルから数百ナノメートルのものであるため、その蛍光特性は一般サイズの蛍光体よりも表面状態、欠陥に顕著に影響する。このため、粒径サイズのコントロールだけでなく、信頼性改善を含めた表面修飾などの技術開発も課題となっている。

3.2.2 蛍光体の信頼性に影響を及ぼす因子

蛍光体の信頼性に大きく影響を及ぼす因子としては、湿度、熱、光があげられる。蛍光体にはこれらの輝度低下要因に対する耐久性が求められる。

(1) 湿度

白色LEDの製作時や点灯時に蛍光体が曝される雰囲気中で蛍光体が分解して輝度が低下することがある。一般に、母体結晶中でのアルカリ金属元素やアルカリ土類金属元素の構成比の高い蛍光体は、雰囲気中の水分による劣化を受けやすいといわれている。また、構成する陰イオンによっても水分への影響が異なり、酸化物は比較的水分で分解しにくく、酸窒化物・窒化物はやや良好で、硫化物は水分で分解しやすい。

① 酸化物系

酸化物系蛍光体の中でも、Ce付活黄色蛍光体$Y_3Al_5O_{12}$:CeやCe付活緑色蛍光体$Lu_3Al_5O_{12}$:Ceなどのガーネット構造を持つ蛍光体は、水分の影響をほとんど受けずに安定に使用できる。また、$CaSc_2O_4$:Ceも水分に対

ガーネット構造:例えば、ダイヤモンドは炭素原子が正四面体の中心と頂点の位置に配置した繰り返し構造の結晶であることが知られているが、結晶は繰り返し構造が可能な対称性のあるいくつかのパターンに分類される。ガーネット構造はその一つであり、白色LEDでよく知られているYAG蛍光体はガーネット構造の結晶群に属している。

して非常に安定である。

一方、アルカリ土類金属オルソシリケート黄色蛍光体の $(Ba,Sr,Ca)_2SiO_4$:Eu は、水分の影響を比較的受けやすい。

② 酸窒化物・窒化物系

酸窒化物蛍光体や窒化物蛍光体には水分の影響を受けにくい蛍光体が多い。例えば、窒化物赤色蛍光体 $CaAlSiN_3$:Eu は、その発光スペクトルが硫化物赤色蛍光体(Ca,Sr)S:Eu と酷似しているが、$CaAlSiN_3$:Eu は空気中の水分により分解することなく安定に使用できるため、白色LEDや電球色LEDを作製する際にも雰囲気制御に特段の注意は不要であり、(Ca,Sr)S:Eu では問題視される硫化水素などによる腐食の懸念もない。また、白色LED点灯時の水分との反応もほとんど観察されず、耐湿性は極めて良好である。

③ 硫化物系

青色LED励起用赤色蛍光体の中の重要な蛍光体の一つとして、硫化物蛍光体(Ca,Sr)S:Eu があげられる。この蛍光体は、460nm近傍に励起帯があって青色LEDの発光で励起され、発光波長650nmに広帯域の赤色発光を示し、YAG系黄色蛍光体だけでは不足する赤色光を補って演色性を上げることができるため、高演色の電球色LEDを得るのに使用されることがある。しかし、この蛍光体は、空気中の水分と反応して硫化水素を発生して分解するため、電球色LEDを製造する際には雰囲気中の水分を極力低減することが重要であり、また、電球色LEDの耐久性を高めるためには、水分を遮蔽する封止方法を採用するなどパッケージを工夫する必要がある。

(2) 熱

高出力白色LEDなど小さな空間で大量の熱が発生する環境では、蛍光体の輝度が低下することがある。熱による蛍光体の輝度の低下には、二つの現象がある。

① 熱劣化現象

温度上昇により蛍光体の母体結晶が分解するか、もしくは、付活剤の価数変化により輝度が低下する熱劣化現象がある。この場合には温度を下げても輝度が復元しない。

熱劣化現象は、通常1000℃以上の高温で焼成されるものがほとんどの無機蛍光体については、白色LEDの通常の使用条件である200℃以下の温度において熱劣化はほとんど無視できる。また、実装時に約260℃で短時間の加熱がなされる際にも熱劣化はほとんど無視できる。

② 温度消光現象

図3.2.2-1に示すように、温度消光現象とは、白色LEDの点灯時に発生する熱で蛍光体の温度が上昇し、輝度が低下する現象である。この場合は温度を下げれば輝度は復元する。すなわち白色LEDパッケージが十分に放熱されるように設計すれば輝度低下は防ぐことができる。

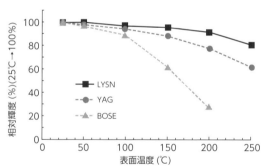

図3.2.2-1 青色LED励起黄色酸化物蛍光体と窒化物蛍光体の輝度の温度特性
注1)相対輝度:25℃での輝度を100%としたときの相対値。
注2)各蛍光体の色度がほぼ同じ品種で比較(CIE x = 0.43〜0.45)

ところで、温度消光現象は、ほぼ全ての蛍光体に観察される現象であり、それぞれの蛍光体で温度上昇に伴う輝度低下の大きさが異なるため、蛍光体の発光効率の温度特性を測定し、白色LEDパッケージ中で蛍光体が受ける温度環境を考慮して、蛍光体を慎重に選択する必要がある。

白色LEDを照明用光源として使用する場合、十分な光量を得るために高い電流密度(大電流)で駆動させる場合が少なくない。このときLEDチップからの発熱量も同時に増加するため、パッケージ温度は上昇する。蛍光体の高い変換効率を維持するためには、低熱抵抗のパッケージにヒートシンクなどを組合わせてLEDチップの温度上昇、蛍光体の温度上昇を防ぐ工夫が必要となる。白色LEDからの放熱が十分ではない場合には、蛍光体の輝度が低下するために白色LEDの発光効率が低下するだけではなく、青色LEDチップや他の蛍光体との温度消光の差により白色LEDの色ずれも発生する恐れがある。

　温度消光現象は、蛍光体の結晶構造や蛍光体を構成する元素の種類によって大きく異なる。一般的には、構成元素間の距離が比較的小さい酸化物蛍光体や窒化物蛍光体の温度消光が小さい傾向にあり、その距離が比較的大きい硫化物蛍光体の温度消光は顕著に観察される。

　青色LED励起黄色蛍光体の中では、窒化物黄色蛍光体$(La,Y)_3Si_6N_{11}$:Ceの温度特性が良好であり、オルソシリケート系黄色蛍光体やYAG系黄色蛍光体がやや劣る(図3.2.2-1)。

　また、窒化物蛍光体においても、結晶構造によって温度消光の度合いが異なる。構成元素間の結合距離が短い結晶構造を持つ蛍光体は、温度消光が小さくなる。例えば、窒化物系赤色蛍光体の中では、温度上昇に対する輝度の低下率について$CaAlSiN_3$:Euが最も小さく良好であり、$Ca_2Si_5N_8$:Euが少し悪く、$CaSiN_2$:Euが最も劣る。

(3) 光

　チップサイズに関係無く高電流密度(大電流)で駆動する場合、LEDの表面輝度(光子密度)は非常に高くなるので蛍光体の光劣化現象が観察される場合がある。この現象は、低温条件や真空・不活性ガス雰囲気中において抑制される傾向にあるが、85℃程度の高温条件や相対湿度85％程度の高湿条件での加速劣化

光子密度:光は波の性質と粒子の性質を有している。このように光を粒子としてとらえた場合、これを光子と呼ぶ。光子密度は、光の粒子の密度。

試験においては顕著に観察される。

一般的に使用される黄色蛍光体$(Y, Gd)_3(Al, Ga)_5O_{12}:Ce$(YAG)や、緑色蛍光体$Lu_3Al_5O_{12}:Ce$、$CaSc_2O_4:Ce$などの酸化物蛍光体は、高温・高湿条件下でも光劣化は観察されない。また、$CaAlSiN_3:Eu$などの窒化物蛍光体も光劣化はほとんど観察されない。これらの光劣化の少ない蛍光体は、その融点が比較的高く、その母体結晶を構成する元素間の結合が強固であると考えられる。

一方、酸化物黄色蛍光体であっても、アルカリ土類金属オルソシリケート$(Ba,Sr,Ca)_2SiO_4:Eu$は、高温・高湿下で光劣化を受けやすい。しかしながら、アルカリ土類金属の化学組成比を変えることにより、緑色から橙色まで様々な発光を得ることができる便利な蛍光体である。

3.2.3 信頼性改善方法

蛍光体の信頼性を改善する方法としては、前述の信頼性に及ぼす因子ごとに様々な事項があげられる。ここでは、その中でも特に重要な改善方法である、蛍光体の化学組成、粒径、表面処理について取り上げる。

(1) 化学組成

蛍光体を構成する母体結晶を変更することは、最も確実な信頼性の改善方法である。蛍光体に要求される励起波長帯や発光色や発光ピークの半値幅などの制約があるために、発光イオンとなる付活元素を変更することは難しい。しかし、発光特性を大きく変更することなく母体結晶を変更することは可能である。

例えば、青色LEDの発光で励起可能な照明用赤色蛍光体を一例にあげると、Eu^{2+}付活アルカリ土類硫化物蛍光体$(Ca,Sr)S:Eu$は、耐水性が低く、温度消光が大きく、光劣化を受けやすい。それに対して、Eu^{2+}付活アルカリ土類窒化物蛍光体$CaAlSiN_3:Eu$は、発光イオンが同じEu^{2+}でありほぼ同様の励起スペクトルや発光スペクトルを持つが、耐水性が高く、温度消光が小さく、光劣化を受けにくい。信頼性に関する両者の差は、硫化物と窒化物の差、すなわち陰イオンの違いによる母体結晶の安定性の差といえる。

(2) 粒径

　粒径を小さくすると表面ダメージ層の割合が増え劣化しやすくなる傾向があるため、最近では図3.2.3-1に示すような中央粒径で5μm以上の比較的大きな蛍光体を用いる場合が多い。一般に、粒径サイズが大きくなると、輝度が高くなり、信頼性が向上することから、中央粒径10μm〜20μmの蛍光体が好まれている。

(3) 表面処理

　耐水性に劣る蛍光体に適切な表面処理を施し改善する方法が検討されている。

　表面処理方法としては、加熱炉内に蛍光体を流動もしくは静置し、表面処理物質の原料や前駆体を化学気相蒸着させる方法や、溶剤中に表面処理物質の原料や前駆体を溶解させておき蛍光体を含有する懸濁液の状態とした後に加熱やpH調整などによって蛍光体表面に目的物質を被覆した後に、高温で加熱して表面被覆物を蛍光体表面に緻密に接合させる方法など様々検討されている。

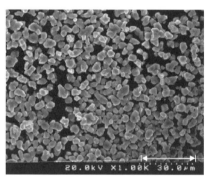

図3.2.3-1 白色LED用蛍光体の走査型電子顕微鏡写真

化学気相蒸着:シラン、アンモニア等を原料としてSiO₂や窒化シリコン膜等の誘電体膜を化学的に形成する手法の一つ。
前駆体:最終の物質形態となる前の物質形態。化学反応の原料や中間生成物質をさすことも多い。
懸濁液:水などの溶媒に対し、溶解せず、人間の目に物質粒が見える状態で溶媒と混合されている状態。濁り。

3.3 封止材&チップ接着剤

封止材は図3.3-1に示すようにLEDパッケージに用いられ、パッケージのチップや配線等を保護し、LEDの耐久性に寄与する役割と、蛍光体を保持して白色光の色ばらつきを制御したり、光取り出し効率に関わる役割を持つ。

接着剤は、主にLEDチップの接合を目的としている。ここでは、絶縁性接着剤に絞って説明をする。

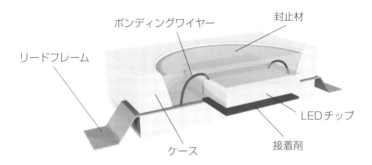

図3.3-1 SMD型LEDパッケージ(断面)

3.3.1 材料・部品の物性および特性(性能)

LED用封止材および接着剤の原材料は、一般にエポキシ樹脂・シリコーン樹脂が主流である。

エポキシ樹脂: 1分子内に2個以上のエポキシ基を持つ樹脂。一般に接着性・電気特性・耐熱性に優れ、半導体製品の封止に多く利用される。代表的なものはエピクロロヒドリンとビスフェノールAをアルカリの存在下で反応させて得られる。これにアミン、酸無水物などの硬化剤を加え、硬化物を得る。塗料、電気・電子材料、接着剤などに用いられる。

シリコーン樹脂: シロキサン結合(-Si-O-Si-O-)を主骨格とし、側鎖に有機基を有するオルガノポリシロキサン類の総称。炭素-炭素結合を主骨格とする有機高分子に比べて耐熱性(熱による分解、着色、脆化などの程度が低いこと)、耐寒性(低温でも硬くならないこと)、耐候性(屋外用塗装で光沢の劣化等を起こしにくいこと)、電気絶縁性、撥水性、難燃性、気体透過性等に優れている。

エポキシ樹脂・シリコーン樹脂ともに、主剤・硬化剤・充填剤・酸化防止剤・離型剤などの選定で物性は大きく異なる。白色LEDを製造する際、蛍光体を用いるが、この蛍光体の種類によっては封止材との相性があることも考慮したい。また、LEDチップ・リードフレーム・ケース等との密着性をはじめ、各々のLEDパッケージに適合した材料を選定することなど、白色LED製品の性能・信頼性等への影響は、この封止材の選定が重要なポイントとなる。主な原材料の硬化物の物性を表3.3.1-1に示す。

表3.3.1-1 主な原材料の物性値

項　　目	エポキシ樹脂	シリコーン樹脂	備　　考
ガラス転移温度 [℃]	50〜160	-20〜60	TMA法
線膨張係数〈Tg以下〉[$10^{-6}\cdot K^{-1}$]	60〜90	70〜160	TMA法
線膨張係数〈Tg以上〉[$10^{-6}\cdot K^{-1}$]	130〜200	150〜300	TMA法
熱伝導率 [$W\cdot m^{-1}\cdot K^{-1}$]	0.2	0.2	レーザーフラッシュ法
曲げ弾性率 [MPa]	2000〜3500	測定不可〜2000	JIS K6911
曲げ強度 [MPa]	60〜2000	測定不可〜60	JIS K6911
接着力〈AL-AL〉[MPa]	3〜20	1〜5	JIS K6911
体積抵抗率 [$\Omega\cdot cm$]	>10^{15}	>10^{15}	JIS K6911
硬　度 [Shore A/D]	D 60〜90	A 20〜D 70	ASTM A/D-2240
屈折率	1.47〜1.60	1.41〜1.56	アッベ式

　上記物性に関しては、それぞれの添加量・硬化条件の違いにより、変動があるため確定値としては表示できない。また、測定不可の箇所については、測定器の機能レベルをオーバーしてしまい、計測が難しいことを示す。

屈折率:真空中の光速度と媒質中の光速度(位相速度)との比。

3.3.2 各材料の特徴(利点・欠点)

(1) 封止材

図3.3.2-1にLED用封止材としてのエポキシ樹脂、フェニルシリコーン樹脂、メチルシリコーン樹脂(後述参照)の各特性における特徴を示す。なお、表3.3.1-1におけるシリコーン樹脂はシロキサン結合を主骨格とした材料としての一般的な物性の記述であり、屈折率を除けば、メチルシリコーンとフェニルシリコーンを明確に区別することはできない。しかし、LED用封止材としてみた場合にはメチルシリコーンとフェニルシリコーンで図3.3.2-1に示したような違いがある。

①エポキシ樹脂

一般に、接着性・電気特性(絶縁性)が良好であり、半導体用封止材にはエポキシ樹脂がよく利用されている。LED封止材でも例外ではなく、特に透明性が高いエポキシ樹脂が使用されてきた。LED封止注型材には、一般的にビスフェノールAグリシジルエーテルと酸無水物硬化剤とを組合わせ、加熱硬化させるものが用いられる(パッケージの形態や被着体の種類・エリア状態により、エポキシ樹脂・硬化剤の選定・配合が違ってくる)。このビスフェノールAグリシジルエーテル封止材は、優れた機械強度を有するものの、分子内に紫外線を吸収

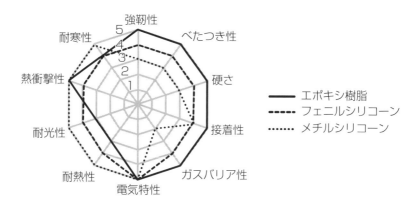

図3.3.2-1 封止材としてのエポキシ及びシリコーン樹脂の各特性における特徴

するベンゼン環骨格を有しており、LEDの発する光、屋外使用時の太陽光などで劣化が促進される。Tg(ガラス転移温度)以下では、内部応力がかかり、チップ・ボンディングワイヤー等にストレスを与えることから、ボンディングワイヤー断線等を起こすことがある。封止材には、光や熱によって黄変しにくい、また硬化後のガラス転移温度が高く水蒸気バリア性に優れるといった点として、分子内に不飽和結合を持たない脂環式エポキシ樹脂も用いられる。

②シリコーン樹脂

シリコーンあるいはポリシロキサンは主鎖のSi-Oの結合エネルギーがC-C結合よりも大きいこと、結合間距離や結合角が大きいために主鎖が回転しやすい(柔軟性がある)こと、主鎖のイオン性は高いが分子はメチル基などに覆われていること、カルボニル基やエーテル結合などの極性基を含まないことなどから、有機高分子に比べて耐熱性(熱による分解、着色、脆化などの程度が低いこと)、耐寒性(低温でも硬くならないこと)、耐候性(屋外用塗装で光沢の劣化やチョーキングを起こしにくいこと)、電気絶縁性、撥水性、難燃性、気体透過性等に優れている。

シリコーンには、M($R_3SiO_{1/2}$)、D($R_2SiO_{2/2}$)、T($RSiO_{3/2}$)およびQ($SiO_{4/2}$)という4種の骨格構成単位がある。合成に際してM, D, T, Q単位を、自由に組合わ

ビスフェノールAグリシジルエーテル: ビスフェノールAとエピクロルヒドリンの反応によって、製造される樹脂を指す。一般に、ビスフェノールA型エポキシ樹脂といわれる。エポキシ樹脂の中で代表的なタイプであり最も多くの用途に使用される。
脂環式エポキシ樹脂: 骨格に2重結合を含む炭化水素環つまり不飽和結合を持たない構造をとる。電気絶縁上での屋外耐候性・耐トラッキング性(トラッキング:電極間での局部的な放電などで部分炭化を起こす現象のこと)に優れていると言われる。
(樹脂材料の)極性: 樹脂中の分子に、電気双極子を有する部位があるとき、それを極性を有する分子という。極性分子どうしは、クーロン力で引き合ったり、離れていったりの効果を有する。それが、樹脂材料の観点からいうと接着性についての影響に結びつく。
(シロキサンの)縮合硬化: Si-OH+HO-Si→Si-O-Si という反応により結合を形成。
(シロキサンの)ヒドロシリル化硬化: Si-CH=CH_2+H-Si-→Si-CH_2CH_2-Si という反応により結合を形成。
フェニル基: C_6H_5-をいう。ベンゼンから水素1原子を除いた残基である。

せることができること、種々の置換基を持てること(工業的にもっとも基本的な置換基はメチル基で、次いでフェニル基がよく用いられる)、種々の環構造の形成により同じ化学式でも異なった構造をとり得ることなどから大きな組成の多様性を持つ。硬化は残存させてあるシラノールやアルコキシ基の縮合反応、ビニル基とSiH基を導入することによるヒドロシリル化などにより行われる。

　シリコーンは組成制御により、硬化後の硬さとして、針入度により硬度を測定する柔らかさの「ゲル」、デュロメータ硬度でショアAの範囲程度の「エラストマー」、さらに硬い(デュロメータ硬度でショアD程度)「レジン」を作ることができる。一般に柔らかい材料は熱機械ストレスによるボンディングワイヤーの変形・切断、封止材の基板からの剥離やクラックの発生を抑える傾向がある。一方、硬い材料は外力からの保護能に優れる。実際には単に硬さという尺度で捉えられるものではなく、ボンディングワイヤーの切断や封止材の剥離を起こさないというデバイス耐久性は、封止材の弾性率の温度依存性や強靭性、応力緩和特性、熱膨張係数、接着力等の要因に複雑に影響されると考えられる。上記のような構造制御により、硬さだけではなく応力緩和特性なども一定の範囲内で制御できる。

　また、置換基であるメチル基の一部をフェニル基に替えることにより屈折率(硬化物として)をメチルシリコーンの1.41程度から、フェニルシリコーンの1.56程度まで変化させることができる。シリコーンは耐熱性に優れた材料であるが、加熱あるいは光照射による変色に関してはメチルシリコーンの方がフェニルシリコーンよりもさらによく、ガスバリアー性はフェニルシリコーンの方がメチルシリコーンより大きく優れている。

(2)　チップ接着剤

　接着剤としては、チップ自身の熱および光エネルギーが非常に集中してしまうため、熱および光に対して変色する問題が後をたたない。また、接着剤はチップに比べて線膨張係数が大きく、このためチップと接着剤界面に熱応力が発生し、樹脂が剥がれる問題もある。そのため、熱および光に対して変色が少な

く、かつ接着性のよい材料が要求される。エポキシ樹脂は、接着性は良好だが、熱および光による変色を伴ってしまう。シリコーン樹脂では、熱および光による変色は小さいが接着強度が低い。もともと、エポキシ樹脂・シリコーン樹脂ともに、原材料自身の熱伝導率が低い。そこで、最近では、熱伝導率の高い素材を導入して、放熱対策をした接着剤の開発も進められている。ただし、粘度上昇・外観の問題等もあり課題は多い。

3.3.3　封止材＆接着剤の信頼性確保のための留意点
(1)　1次的要因について

　封止材、接着剤ともに、チップに接合しているため、高密度の熱エネルギーおよび光エネルギーに直接さらされる部材である。そのため、部材はLEDパッケージを設計する上で、非常に重要である。ただ、前述したように各材料にも長所・短所があるので、その性能を理解した上で材料選定をする必要がある。

　エポキシ樹脂の場合、シリコーン樹脂に比べ熱による透明性の低下が激しいといわれている。図3.3.3-1～図3.3.3-4に、環境温度120℃および160℃でのエポキシ樹脂およびシリコーン樹脂の透過率劣化を示す。ここで示すエポキシ樹脂は、環境温度120℃で透過率の低下がほとんどなく、環境温度160℃では、400nm近辺において短時間で透過率の低下が始まる。つまり、チップ温度を100℃以下に押さえ込むパッケージ設計・基材の選択ができれば、極端な熱による樹脂の変色を起こすことはないはずである。

第1部 基礎編●第3章 各部材の諸特性

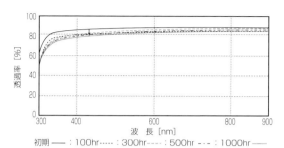

初期 ── ：100hr ······ ：300hr ---- ：500hr -·- ：1000hr ─

図3.3.3-1 エポキシ樹脂硬化物120℃における透過率劣化

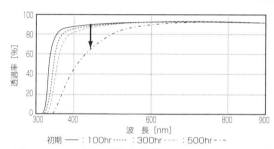

初期 ── ：100hr ······ ：300hr ---- ：500hr -·-

図3.3.3-2 エポキシ樹脂硬化物160℃における透過率劣化

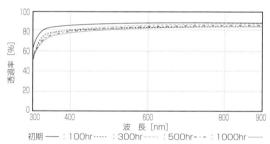

初期 ── ：100hr ······ ：300hr ---- ：500hr -·- ：1000hr ─

図3.3.3-3 シリコーン樹脂硬化物120℃における透過率劣化

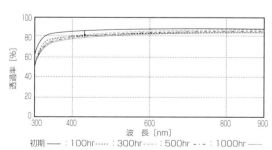

初期 ── ：100hr ······ ：300hr ---- ：500hr -·- ：1000hr ─

図3.3.3-4 シリコーン樹脂硬化物160℃における透過率劣化

97

(2) 2次的要因について

　封止材および接着剤の剥離・クラックの発生の要因としては、樹脂そのものに内部応力が発生することと接着力の弱さによるところが大きい。一般に、樹脂を硬化する際のサイクルモデルとして、図3.3.3-5のような軌道を描くことが知られている。

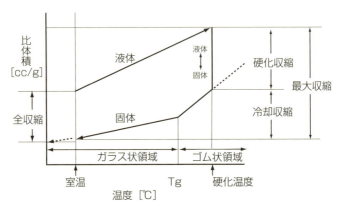

図3.3.3-5 エポキシ樹脂の硬化サイクル(モデル)

　異なる材質の境界に働く内部応力(σ)は線膨張係数(α)の差と弾性率(E)の積を温度範囲で積分して求めることができる。部品(C)に働く樹脂材料(M)による内部応力は次式のようになる。

$$\sigma = \int E(T) \cdot (\alpha_M(T) - \alpha_c(T)) \cdot \varDelta T \quad \text{(式 3.3.3-1)}$$

　　　　σ　：内部応力
　　　　α_M　：樹脂材料の線膨張係数
　　　　α_c　：部品の線膨張係数
　　　　E　：弾性率
　　　　T　：温度
　　　　$\varDelta T$　：温度変化

第1部 基礎編●第3章 各部材の諸特性

温度(T)での内部応力(σ)は、ガラス転移温度(Tg)以上では多くの場合無視できるくらい小さく、主としてTg以下で発生すると考えられるため、ΔTは(Tg)から(T)までの温度差に相当すると考えてよい。

$$\sigma = K \cdot E \cdot \left(\alpha_M(T) - \alpha_C(T)\right) \cdot (T_g - T) \qquad \text{(式 3.3.3-2)}$$

- σ :内部応力
- α_M :樹脂材料の線膨張係数
- α_C :部品の線膨張係数
- E :弾性率
- K :特定定数
- T :温度
- T_g :ガラス転移温度

この式から、部品にかかる内部応力を下げるには、樹脂材料の線膨張係数(α_M)(注:ここでの線膨張係数は、Tg以下の線膨張係数をいう)を下げて部品の(α_C)に整合させるか、樹脂材料の弾性率(E)を下げることが必要であることがわかる。Tgの低い原材料を選択して低応力化が可能であるが、耐熱性・機械強度の低下に繋がってしまうので注意が必要である。

封止材の水蒸気その他の気体透過性が高いことはデバイスの耐久性に悪影響を与える要因であると考えられている。シリコーンは本来、気体透過材料であり、メチルシリコーンではこの点を考慮して使用する必要があるが、フェニルシリコーンは気体透過性が比較的低く、良好な特性を示す。さらにエポキシ樹脂の気体透過性は、シリコーン樹脂に比べて低い。

内部応力: 高分子内部で作用する力で、物体の内部にとった任意の単位面を通して、その両側の物体部分が互いに及ぼす力をその面に作用する内部応力という。高分子では、一般にガラス転移温度以下の環境のときにより重要となる。

ガラス転移温度: 一般に高分子材料を加熱した場合、ある温度に達すると分子のブラウン運動が活発となり、ガラス状の硬くてもろい状態からゴム状弾性を示すようになる。このときの温度をいう。高分子材料の利用に際して温度の影響を考慮する場合、重要な特性である。

コラム

● 屋外LED表示装置への防水加工 ●

　ビルの壁面や競技場などで見かける大型のLED表示装置。これらは多数のRGB(赤・緑・青)のLEDランプをドットマトリックス状に配置したLED表示モジュールからなっている。野外に設置されることから常に風雨や直射日光にさらされるといった過酷な環境下でも安定な動作を保つことが要求される。こういったLED表示装置用途には、特殊なシリコーン樹脂封止材が使われている。図1に示すように、砲弾型LEDをシリコーン層で封止する事で、降雨からモジュールを守っている。

　表1に示すように、黒色のLED表示装置用シリコーン封止材として、室温硬化型と加熱硬化型がある。このシリコーン封止材は広範な使用可能温度範囲を有し、防水性だけでなく、太陽光に含まれるUV(紫外線)に対する耐候性・耐変色性等にも優れている。

　図2に、シリコーン封止材とウレタン樹脂のUV照射安定性の比較試験結果をまとめた。各材料の2mm厚シートを作製し、365nmのUV光を照射した。シリコーンで硬さが変化しないのに対して、ウレタンはひび割れとともに材料強度が低下する。

図1 LEDモジュールの断面模式図

表1 LED表示装置用シリコーン封止材特性例

硬化方法			室温硬化型	加熱硬化型
特性			ゴム	ゴム
外観			黒	黒
粘度	(A)	Pa·s	1.8	1.9
	(B)	Pa·s	—	1.7
混合比		(A:B)	100:2	100:100
粘度 (混合後) 23℃		Pa·s	1.8	1.7
作業可能時間 23℃		h	2	2
硬化条件		℃/h	23/72	80/1
密度 23℃		g/cm³	1.11	0.99
硬さ (デューロメーター値)			28 (タイプA)	15 (タイプE)
引張強さ		MPa	0.8	—
切断時伸び		%	130	—
引張せん断接着強さ		MPa	0.42(Al)	接着性あり

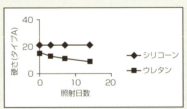

図2 UV照射による材料の劣化試験
(365nm照射：100mW/cm^{-2})

3.4 樹脂ケース、リードフレーム

3.4.1 樹脂ケース

これまでPPA(ポリフタルアミド)系樹脂がケースとして使われ、リードフレーム等の金属部品と組合わせで構造体を作っていた。しかしながら、近年の大出力化と要求寿命のレベルアップからさらなる構造体の反射機能の劣化改善が高まったことで次の3種類のケースも用いられるようになって来た。

1) 熱可塑性樹脂；PCT(ポリシクロヘキシレン-ジメチルテレフタル酸エステル)
2) 熱硬化性樹脂；エポキシ樹脂＋セラミック紛体射材(EMC)
3) 熱硬化性樹脂；シリコーン樹脂＋セラミック紛体＋反射材(SMC)

これらの新しい樹脂が急速に使われ始めたのは、液晶TVバックライトの進歩とLED照明の普及が進んだことによる。

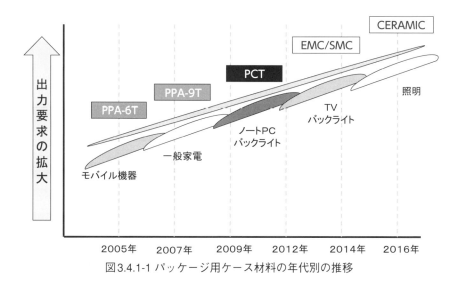

図3.4.1-1 パッケージ用ケース材料の年代別の推移

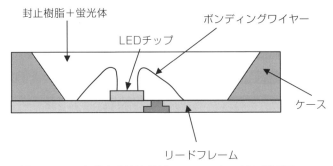

図3.4.1-2 一般的な表面実装型LEDパッケージの断面図

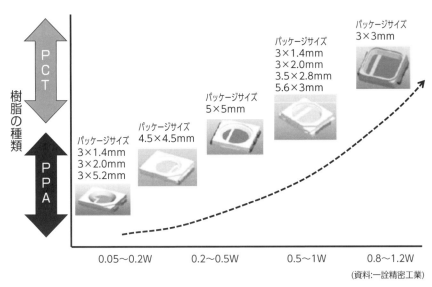

(資料:一詮精密工業)

図3.4.1-3 LEDパッケージ1個当たりの出力別ケース樹脂の推移

3.4.2 樹脂ケースの設計上の留意点

(1) 金属との線膨張係数の差

樹脂ケースの問題点として、まず金属との線膨張係数の差があげられる。

一般的な樹脂ケースを使用したLEDパッケージを図3.4.2-1に示す。樹脂ケースはリードフレームのような金属製品と組み合わせたものがほとんどで、チップ型LEDパッケージではリードフレーム材料として194アロイ等の銅合金が使用されており、砲弾型製品にはコストの面から鉄が使用されている。(表3.4.2-1)(図3.4.2-2)

リードフレームと樹脂ケースの剥離は主に初期段階で決定されることが多く、樹脂と金属との濡れ性や樹脂の結晶化速度、粘度、成型条件が起因して

表3.4.2-1 各種フレーム素材の線膨張と熱伝導

一般的呼び名	Alloy194	KFC	42%Ni-Fe	鉄	銅
組成	Cu 2.4Fe 0.03P	Cu 0.1Fe P	Fe 42Ni	Fe	Cu
線膨張係数($\times 10^{-6} \cdot K^{-1}$)	17.6	17.5	4.8	12.1	17

図3.4.2-1 チップ型LEDパッケージ

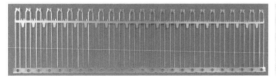
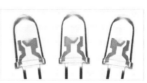

図3.4.2-2 砲弾型LEDランプのフレームとランプの外形

(資料:一詮精密工業)

いる。リードフレームと樹脂ケースの剥離が発生すると湿度など使用環境の影響を受けやすくなり、定格を超えた環境下で使用した場合は劣化を引き起こす大きな要因となり製品の信頼性は大きく低下する。

金属と樹脂の線膨張係数を合せるということは非常に難しいが、樹脂の表面状態を改質し密着性を向上させて金属の変形にある程度追従できる樹脂の選択も必要である。具体的には使用環境にもよるが、耐熱性の高いポリアミド系樹脂の中でも濡れ性が良いものを使うことで、サーマルショック後の剥離現象が抑えられる。

(2) 形状と構造

樹脂ケースの形状については、その大きさによって設計上の配慮が必要となる。

例えばパッケージサイズが大きくなると同じ線膨張係数であっても変形量が大きくなるので、封止樹脂との界面剥離の確率が高くなる。このため両者が剥離しない入り組んだ構造とする等の対処が必要となる場合がある。

(3) 樹脂ケースの材質

樹脂ケースの材質としてポリフタルアミド(PPA)樹脂が主流である。

最近では同じ熱可塑性のポリシクロヘキサン、ジメチルテレフタル酸エステル(PCT)、ポリフェニレンサルファイド(PPS)、液晶ポリマー(LCP)や熱硬化性のエポキシ樹脂、シリコーン樹脂が使用されている。

樹脂ケースは、光、熱によって変色(特に黄変)をおこす。これは樹脂そのものの変色、樹脂中の不純物や低分子量オリゴマー等による変色、樹脂に添加されている物質(酸化防止剤や可塑剤など)が熱と光曝露により酸化(変質)することが主原因としてあげられている。一例として、ポリアミドの場合はメチレン基がフリーラジカルによって水素原子を放出してそこに酸素が結びついて酸化することが知られている。

樹脂ケースは反射機能を有し、劣化による変色が起こると発光強度、輝度が低下し、十分な機能を発揮できないことになる。またこの劣化によりケース自

表3.4.2-2 代表的なポリフタルアミド系樹脂の基本物性

物性項目	特記事項	試験方法	物性値
機械的性質			
引張り強さ(MPa)		ASTM D638	123
引張り伸び率(%)		ASTM D638	1.6
引張り弾性率(GPa)		ASTM D638	9.2
曲げ強さ (MPa)		ASTM D790	171
曲げ弾性率(GPa)		ASTM D790	8.0
アイゾット衝撃強度(J・m^{-1})	ノッチ付	ASTM D256	27
ロックウエル硬度 (HRC)		ASTM D785	124
熱的性質			
荷重たわみ温度 (℃)	0.45MPa	ASTM D648	313
	1.8MPa		290
融点 (℃)		ASTM D3418	324
線膨張係数MD／TD	0-100℃	ASTM E831	23/86
(×10^{-6}・K^{-1})	150-250℃		11/127
物理的性質			
反射率 (%)		ASTM E1331	90
比重		ASTM D792	1.48
吸水率 (%)	24時間後	ASTM D570	0.24
成形収縮率MD／TD (%)		ASTM D955	0.4/0.6

体の機械的な強度にも影響を及ぼすことがある。したがって、屋外や高出力品の長期信頼性が重視される厳しい用途では樹脂ケースの材質選定が重要になる。

　樹脂ケースの主な役割のうち、反射機能が重要であると述べたが、耐熱性向上のためにガラス繊維が添加されているケースが多い。ガラス繊維や他の添加剤も同様、反射やケース強度などの基本機能を損なわないように配合しなければならない。

3.5 セラミックスパッケージ

　LEDチップを実装するセラミックスパッケージとして用いられている材料としては、酸化アルミニウム(アルミナ)、ガラスセラミックス(LTCC)、窒化アルミニウムがあげられる。いずれも電極を含めて有機成分を含まないことから樹脂パッケージに比べ耐熱性、耐光性が高く、その他の信頼性も優れている。

　アルミナは安価で汎用性があり、反射率は90%程度である。焼結温度が高いため、サーマルビアや放熱用導体には熱伝導率の小さいタングステンやモリブデンを使うこととなり、効率的な放熱が困難である。

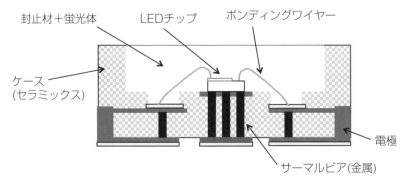

図3.5-1 セラミックスパッケージ製品模式図(例)

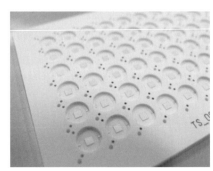

図3.5-2 セラミックスパッケージ製品例(ガラスセラミックス材料)

ガラスセラミックスも安価であるがアルミナ同様、熱伝導率が低いためサーマルビアや放熱用導体を用いる。焼成温度が低いため熱伝導率の大きい銀導体や銅導体を用いることができ、成形精度もよい。また、アルミナや窒化アルミニウムに比べ材料強度が弱いが、その反面、切削加工がしやすいという特徴を持つ。

窒化アルミニウムは熱伝導率が高いが高価な材料であり、かつ反射率が極端に低い。

表3.5-1に各種セラミックス材料の特性を示す。

表3.5-1 セラミック材料の特性(代表値)

特性(単位)		ガラスセラミックス	アルミナ	窒化アルミ
熱的	熱伝導率($W・m^{-1}・K^{-1}$)	2.5〜4	20	200
	同時焼成可能な金属	Ag, Cu	W, Mo	—
	サーマルビアを用いた場合の熱伝導率($W・m^{-1}・K^{-1}$)	〜200**	20	—
	熱膨張係数($\times 10^{-6}・K^{-1}$)	5.5〜7.2	7.2	4.5
光学的	反射率*(%)	〜95	87	60
機械的	曲げ強度(MPa)	245〜350	290〜340	340〜500

* 基板厚み 0.5(mm)、波長 460(nm)における反射率
** サーマルビア上にLEDチップを実装した場合

3.5.1 光に対する留意点

昨今UV-LEDチップの開発が活発になっており、様々な用途で使われつつある。セラミックスパッケージは樹脂パッケージに比べUV光に対する耐性は高いが、UV光照射強度によっては変色が生じることがある。

これはセラミックス中の電子が紫外線によって励起され、不純物にトラップされることにより格子欠陥が生じ、茶系統に着色するためである。茶系統の着色はUV光反射率を大きく低下させる。

なお、改良型のガラスセラミックスはガラスと高反射性セラミックスの複合

体であり、セラミックスの表面で紫外線が反射するため、紫外線による変色が非常に小さい。

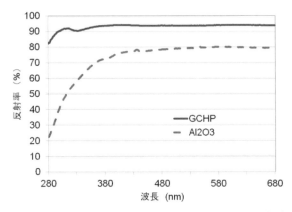

図3.5.1-1 アルミナと改良型ガラスセラミックスの反射率
(資料:旭硝子株式会社)

3.5.2 熱に対する留意点

　LEDチップ向けのパッケージ設計(特に高出力)は熱との戦いである。セラミックスパッケージは樹脂パッケージと比較して線膨張係数がLEDチップの線膨張係数と近く、急激な温度変化に対する線膨張の差が小さくなるため、線膨張差に起因する応力が発生しにくく、熱ストレスに対し信頼性が高い。

　近年の急速なLEDチップ高出力化に伴い、LEDパッケージには効率的な放熱設計が求められる。使用材料としては、熱伝導率の高い窒化アルミニウムを用いるか、その他のセラミック材料の場合はサーマルビアを用いて熱伝導経路を確保する場合が多い。ガラスセラミックスは材料としての熱伝導は低いが、内層配線を熱伝導の高い銀で形成することができるという特徴を有している。特に、基板面に対して垂直方向に円柱状もしくは角柱状に銀のブロック(サーマルビア)を形成することができるため、設計を工夫することでパッケージとして理想的な熱伝導を実現することが可能となる。

　図3.5.2-2に金属接合タイプのLEDチップを、大型サーマルビアを設けたガラ

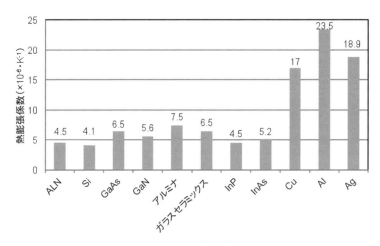

図3.5.2-1 各種材料の線熱膨張係数の比較(代表値)

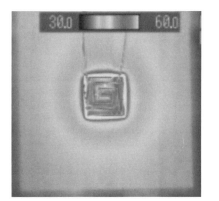

　　　アルミナ　　　　　　　　　ガラスセラミックス
図3.5.2-2 アルミナとガラスセラミックスの放熱パターン

スセラミックス基板に実装した場合と、アルミナ基板に実装した場合の放熱の様子を示す。

3.5.3 その他の留意点

セラミックスパッケージではチップを載せる電極部分やボンディングワイヤーの2ndボンディングを行う電極部分に、光反射性と電気的熱的伝導性に優れ柔らかくボンディングがしやすい金属である銀をめっきする場合が多い。

しかしながら、銀は硫黄と出会うと容易に化合(硫化)し黒く変色してしまうという大きな問題がある。

各種の梱包材やゴム、テープの糊剤、紙などには改質添加剤として意図的に、もしくは不純物として意図せずに、硫黄化合物が含有されている場合がある。

また石炭や石油には不純物として微量の硫黄成分が含まれており、これらが燃焼されることで排気ガス中に亜硫酸ガスが生成され大気中に放出されている。さらに世界有数の火山国である日本では、火山活動によって少なくない量の亜硫酸ガスが放出されている。

このようにLEDパッケージおよびLED照明を取り巻く環境には多かれ少なかれ硫黄化合物が存在しているといえる。

したがって、銀を使用しているセラミックスパッケージにおいては、梱包材料、梱包方法、輸送方法および保管状態において十分配慮を払う必要がある。

銀の硫化を防ぐために各種のコーティング剤などの開発が進められているが、まだ決定的な対策はできていないようである。

変色を防ぐ一つの方法として銀の代わりに金をめっきする場合がある。金は腐食に強く銀と同様にワイヤーボンディングがしやすいという利点があるが、銀と比べて波長の短い青色域から緑色域にかけて反射率が低いという問題がある。

また改良型のガラスセラミックスパッケージの中には銀の使用量を減らし硫化の影響を受けにくいものも開発されてきている。

3.6 基板

　照明用LED(大光量)は単位面積当たりの発熱量が大きく、光取出し効率および寿命は温度に大きく影響される。LEDの放熱はLED単体だけの放熱対策では不十分であり、基板、ヒートシンク等を含むトータルな放熱対策が必要になる。本章ではLEDの信頼性向上(放熱対策)として効果的な高熱伝導樹脂系基板や金属ベース基板を中心に述べる。

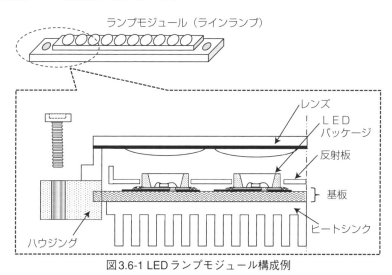

図3.6-1 LEDランプモジュール構成例

3.6.1 基板の種類について

　基板は大きく分けて樹脂系基板、セラミック系基板および金属ベース系基板に分けることができる。

　通常、制御系基板には樹脂系基板(リジッド基板)がメインで使用され、高密実装が要求される3次元実装にはフレキシブル基板が使用される。また、パワー系製品にはセラミック系基板が使用される。汎用的には、樹脂系基板およびセラミック基板が使用されているが、セラミック系基板は高価であり、樹脂系

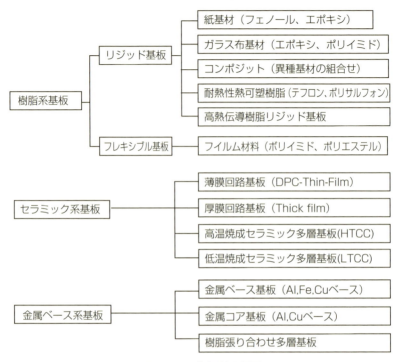

図3.6.1-1 基板別分類図

基板は安価ではあるが放熱性、耐熱性および信頼性が劣るという欠点がある。

通常のインジケータ用LED(砲弾型LED)は発熱量が少ないため、樹脂系基板(ガラス布エポキシ基板)がメインで使用されてきた。しかし、照明用途で使用されるパワーLEDでは発熱量が多いため、LEDの性能および熱による信頼性の低下(寿命、取出し効率等)対策として、放熱性が良好でコストパフォーマンスに優れている高熱伝導樹脂系基板や金属ベース系基板等が有効と考えられる。

これら上述した基板について代表的な特性・特徴を表3.6.1-1にまとめた。放熱特性の面では、セラミックス基板(アルミナ基板)、金属ベース系基板, フレキシブル基板が優れており、量産性(コスト含む)は高熱伝導樹脂系基板が適していると考えられる。

第1部 基礎編●第3章 各部材の諸特性

表3.6.1-1 各種基板における基板物性比較表

比較物性	樹脂系・リジッド基板		フレキシブル基板	セラミック系基板	金属ベース系基板
	一般	高熱伝導			
熱抵抗	×	◎	◎	◎	◎
耐電圧性	◎	◎	△	◎	△
耐熱性	○	○	○	◎	○
誘電特性	◎	◎	◎	◎	△
屈曲性	×	×	◎	×	×
加工性	◎	◎	◎	×	○
量産性	◎	◎	○	△	○

3.6.2 各種基板の概要および構造について

(1) 樹脂系(リジッド基板)材料の概要および構造

　リジッド基板材料を構成する基材には、紙・ガラス不織布・ガラスクロスがあり、フェノール・エポキシ・ポリイミド系樹脂との組合わせにより、それぞれが異なった特性を有している。代表的なリジッド基板材料の構成と性質を表3.6.2-1に示す。一般照明用として使用されるLEDを搭載する場合、放熱用のサーマルビア加工を施す手法があるが、近年では熱伝導性を高めたリジッド基板材料の開発により、プリント配線板の加工工程が簡略化され、量産性も向上している。熱伝導性を高めたリジッド基板材料の効果を図3.6.2-1、各種樹脂系基板材料の熱伝導特性を表3.6.2-2に示す。

サーマルビア:発熱部品の熱を厚み方向に伝導させるため銅めっきにより形成した貫通スルーホール。

表3.6.2-1 代表的な樹脂系リジッド基板材料の構成と物性比較表

ULグレード	FR-1	CEM-3	FR-4
樹脂	フェノール	エポキシ	エポキシ
基材	クラフト紙	ガラス布／ガラス不織布	ガラス布
基材構成	クラフト紙	ガラス布／ガラス不織布／ガラス布	ガラス布
機械強度	△	○	◎
銅めっき加工	×	○	○

表3.6.2-2 各種樹脂系基板材料の熱伝導特性(例)

		製品名	製品区分	絶縁層厚み	熱伝導率 ($W \cdot m^{-1} \cdot K^{-1}$)	熱抵抗 ($℃ \cdot W^{-1}$)
リジッド基板材料		一般リジッド基板材料	FR-4.0	1.0mm	0.4	17.5
	高熱伝導	熱伝導率($1W \cdot m^{-1} \cdot K^{-1}$)クラス	CEM-3	1.0mm	1.1	6.7
		熱伝導率($1.5W \cdot m^{-1} \cdot K^{-1}$)クラス	CEM-3	1.0mm	1.5	5.0
		熱伝導率($1.5W \cdot m^{-1} \cdot K^{-1}$)クラス	FR-4type	0.075mm	1.5	0.4
フレキシブル基板材料				0.025mm	0.3	0.6

(資料:パナソニック株式会社)

(2) フレキシブル基板材料の概要および構造

　フレキシブル基板材料は絶縁層にPI(ポリイミド)等のフィルムをベースとし、柔軟性に優れることから屈曲した部位に組込むことが可能である。

　絶縁層のフィルム自体に熱伝導性は備わっていないが、厚みが薄い事から優れた熱抵抗特性を有し、狭小空間での利用も可能である。絶縁層フィルムは12.5μm厚からラインアップがあり、25μm厚のPIで6.9kVの耐電圧特性を有する。熱抵抗と耐電圧性能の関係を図3.6.2-2に示す。

電子回路基板の寸法

物性値	熱伝導率 [W/m・K]
LED	340
銅箔	398

解析メッシュ

1/4 モデルで実施

断面構成

境界条件

熱伝導率 8W/m²・K で20℃の空気と熱のやり取り

シミュレーション結果

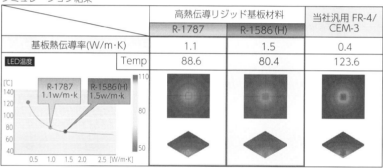

熱抵抗測定方法(社内法)

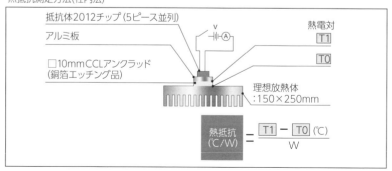

図3.6.2-1 熱伝導性を高めたリジッド基板材料の効果

(資料:パナソニック株式会社)

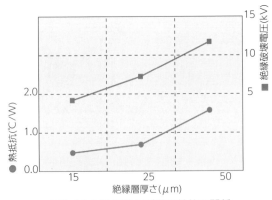
図3.6.2-2 熱抵抗と耐電圧性能の関係
(資料:パナソニック株式会社)

(3) セラミックス基板の概要および構造

　セラミックス基板は、主に酸化物の無機物を焼き固めた基板である。代表的な例として、アルミナ基板が広く使用されている。まず、酸化アルミニウム(アルミナ)粉をバインダと混合して練り物にし、グリーンシートと呼ばれるシートを形成する。次いで、グリーンシートに立体配線用の穴を形成し、タングステンなどの高融点金属含有ペーストで穴に充填することも含めて配線パターンを印刷し、このグリーンシートを精度良く重ね合わせて、約1600℃の高温炉で焼成することで、立体配線された無機材料のプリント配線基板を実現したものである。樹脂基板よりも高周波特性、熱伝導率、温度湿度に対する信頼性などに優れるが、高価である。

　アルミナ基板の高価格、配線に銅が使用できない、という欠点を解決したのが、ガラスセラミックス基板と呼ばれるカテゴリーに含まれる低温同時焼成セラミックス基板(LTCC基板)である。セラミック粉にガラス粉を混合してグリーンシートを形成し、パターン形成後900℃程度の低温で焼成させる。900℃であれば銅や銀が使用可能となり、樹脂基板同様の銅の配線パターンが形成できる。さらに、熱膨張係数が小さく、絶縁特性が良い、という利点があるため、コイル、コンデンサー等の機能を基板内部に形成することも可能である。ただし、

熱伝導率はアルミナ基板より劣る。

　窒化アルミニウム基板は、アルミナ基板より1桁程度、熱伝導率が高いという特徴をもったセラミックス基板である。また、線膨張係数がレーザーダイオードに使用される半導体材料に近く、レーザーダイオードの信頼性維持に寄与している。ただし、窒化アルミニウム基板を用いたプリント配線基板は、窒化アルミニウム基板の両面に銅を貼り付ける製造方法であるため、立体配線回路は形成できない。

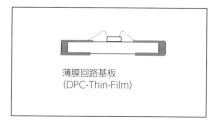

薄膜回路基板
(DPC-Thin-Film)

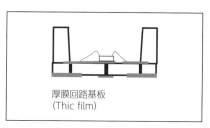

厚膜回路基板
(Thic film)

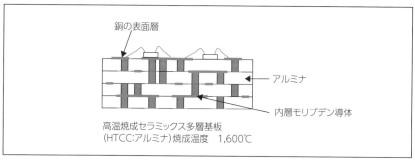

高温焼成セラミックス多層基板
(HTCC:アルミナ)焼成温度　1,600℃

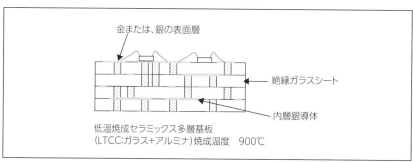

低温焼成セラミックス多層基板
(LTCC:ガラス+アルミナ)焼成温度　900℃

図3.6.2-3 セラミックス基板の概要と構造

(4) 金属コア基板の概要および構造

　金属コア基板は、大別して2種のタイプがある。その第1のタイプは、図3.6.2-4の上段に示すように金属コアの両面に形成された電気回路をスルーホール等によって電気的に接続した構造である。一例を説明すると、あらかじめ所定の穴をパンチングまたはドリリングによってあけた鉄板またはアルミ板に100～200μmの樹脂による絶縁層を設け、セミアディテブ法またはフルアディテブ法でスルーホール配線を行うものである。第2のタイプは図3.6.2-4の下段に示す樹脂基板を金属コアの両面に張り合わせた構造である。構造的には違いはあるが、金属コアの両面の回路側に搭載された部品から発生した熱を金属コアから放熱させる構造であり、有機系樹脂基板の放熱性の欠点を補う構造になっている。

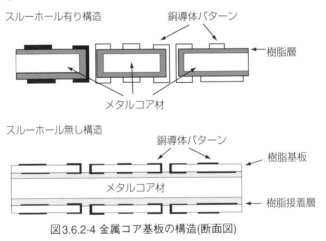

図3.6.2-4 金属コア基板の構造(断面図)

セミアディテブ法:絶縁基板の全面に無電解銅めっき後、銅パターンを形成したくない部分にレジスト(めっきレジスト)を形成し、電解めっきを施すことで回路パターンを形成。その後でレジストを除去し、全面フラッシュエッチングにより回路パターン以外の無電解めっきを除去して微細回路パターンを形成する方法。
フルアディテブ法:絶縁基板に回路パターンを後から付け加える方法。銅パターンを形成したくない部分にレジスト(めっきレジスト)を形成し、レジストのない部分に電解または無電解めっきを施すことで回路パターンを形成する方法。
スルーホール配線:多層基板において、銅めっきにより形成した層間接続専用穴(スルーホール)によって、各層の回路パターンを電気的に接続する回路接続方法。

(5) 金属ベース基板の概要および構造

　金属ベース基板は従来の有機系樹脂基板やセラミックス基板の特性に加え、磁気シールド性および耐熱衝撃性など金属の特性が生かされた基板といえる。図3.6.2-5に示すように、金属ベースの片面に銅箔をエポキシ系樹脂剤で張り合わせた構造の基板である。すなわち、そのベース金属の材質、絶縁層の材質の組合わせを変えることにより、そのベース金属のもつ特性を基板に発揮することができる。

　その中でも、アルミベース基板はアルミの持つ高熱伝導性、軽量性等を生かした高密度実装用基板であり、銅箔、絶縁層およびアルミ板から構成されている。絶縁層にはエポキシ、フィラー入りエポキシ、ポリイミドなどやガラス・エポキシプリプレグ樹脂が用いられている。高熱伝導性が要求される照明用LEDランプモジュール基板には無機フィラー入りエポキシ樹脂で構成された基板が多く使われている。最近では、アルミナ系基板の代替用途の要求も強く、熱伝導率が(10 W・m^{-1}・K^{-1})クラスの絶縁層を有する基板も検討されている。

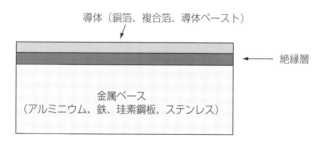

図3.6.2-5 金属ベース(メタルベース)基板の構造(断面図)

　図3.6.2-6に金属ベース基板における各種グレード別分布図を示す。一般的に金属ベース基板の熱伝導率は、2 W・m^{-1}・K^{-1}程度が標準とされている。さらに高熱伝導性を有するグレードとして、4および8 W・m^{-1}・K^{-1}が上市されている。

プリプレグ:ガラスクロスにエポキシ樹脂を含浸させて半硬化させたシート形状の接着シート。樹脂多層基板の材料として使用される。

このように、絶縁層の熱伝導性もセラミックス基板レベルになっており、ハイパワー(3W以上)LEDを使用したLEDモジュール基板としても対応可能である。また、東アジアでも製造が始まり、コストパフォーマンス向上がなされ、用途は非常に拡大した。

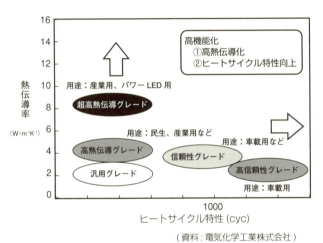

(資料：電気化学工業株式会社)

図3.6.2-6 各種メタルベース基板における性能比較

3.6.3 信頼性確保のための留意点
(1) 金属コア基板／1次要因(熱)による信頼性低下

　従来の樹脂基板は熱伝導性の悪いエポキシ樹脂で構成されているため、照明用LED(大光量)用途では放熱性不足でLED温度が高くなり、寿命が大きく低下する。金属コア基板では、内部の金属コア(メタルコア)により、搭載された各種部品からの発熱を分散させることができる。そのため、照明用LEDを搭載した場合でも、熱放散性が良好で、LEDの局部的な温度上昇を低減でき寿命等低下を大幅に低減できる。

(2) 金属ベース基板／1次要因(熱)による信頼性低下

　照明用LED搭載基板として金属ベース基板を適用した場合には、金属コア基板と同様に、金属ベース材が放熱板として働き、各LEDからの発熱を大幅に分

散・放熱することが可能となり、LED自体の温度上昇を抑えることができる。その結果として、LEDの寿命低下を低減できLEDの信頼性を大幅に向上できる。

例えば、照明用LEDのように放熱面積が小さく発熱量の多い素子を基板上に搭載した場合、基板の放熱性(熱伝導性)の違いにより、LEDチップ自体の温度は大きく影響される。一例として、図3.6.3-2に、$2W・m^{-1}・K^{-1}$と$8W・m^{-1}・K^{-1}$の熱伝導性を有するアルミベース基板におけるシミュレーション比較結果を示す。これらの結果からわかるように、金属ベース基板を使用する場合でも、熱伝導性の高い基板を使用することにより、LEDチップの温度を大きく低減でき、LEDの長寿命化がさらに可能となる。

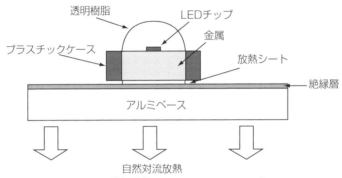

図3.6.3-1 基板放熱シミュレーションモデル

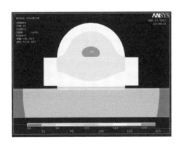

絶縁層熱伝導率 $2W・m^{-1}・K^{-1}$

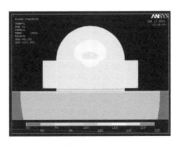

絶縁層熱伝導率 $8W・m^{-1}・K^{-1}$

図3.6.3-2 放熱シミュレーション結果

(3) 金属ベース基板／２次要因(耐ヒートサイクル特性)による信頼性低下

　金属ベース系基板のベース材料には前述したように主にアルミニウムが多く用いられる。LEDランプモジュールでは、その基板上にはセラミックスチップ抵抗等の部品およびLEDパッケージ等が搭載される。しかし、アルミニウムと各部品(特にセラミックチップ部品)の熱膨張係数およびヤング率は数値的に大きな差がある。そのため、温度変化の激しい環境(自動車電装等)においては、図3.6.3-3に示すように変形し、この線膨張率の差異による熱応力がはんだ付け部に集中しはんだクラックが発生する(図3.6.3-4)。この結果、電気的接続の信頼性が大幅に低下するばかりでなく、パッケージおよび他の部品においてもダメージの発生が予想され、LEDモジュール自体の信頼性が低下することが推測される。

　このチップ抵抗等のクラック対策として、上述した熱応力を絶縁層で吸収緩和させるために、絶縁層を低弾性化(ゴム化)した金属ベース基板も各社で開発され普及している。その効果の一例として、図3.6.3-5に示すように絶縁層に使用される材料を低弾性化(低応力化)することにより、はんだクラック発生率を大きく低減でき、信頼性の低下を防止する事ができる。

　このように、金属ベース基板は放熱性に優れているが、弾性率が大きく、かつ、伸びが大きいという短所も考慮したモジュール設計が信頼性向上において重要なポイントになる。

第1部 基礎編●第3章 各部材の諸特性

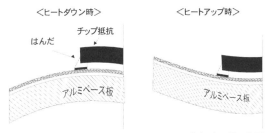

図3.6.3-3 ヒートサイクル時における基板変形概略図

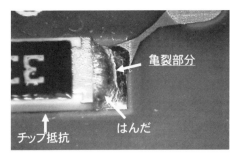

図3.6.3-4 ヒートサイクル後におけるはんだ部亀裂写真

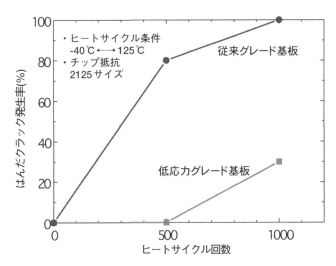

図3.6.3-5 各種金属ベース基板におけるヒートサイクル結果(はんだ割れ特性)

123

3.7 光学部品

　LEDランプやLED照明器具（以下LED照明）には必要な光学特性を得るため、光拡散板やレンズなどの光学部品が使用されている(図3.7-1)。これらの光学部品が劣化すると、LED照明の光束減衰が起こる。また、光学部品はLEDパッケージを保護するカバーとしての機能も兼ねることがあり、耐衝撃性、表面硬度なども求められる。そのため、光学部品の材料選定を行う際に、LEDパッケージの発光特性、LED照明の使用環境をよく考慮し、適切な材料を選択しなければならない。
　LED照明用のレンズ、光拡散板等の光学部品には、一般に透明樹脂が使われる。そこで、本節では、透明樹脂の特性について取り扱う。

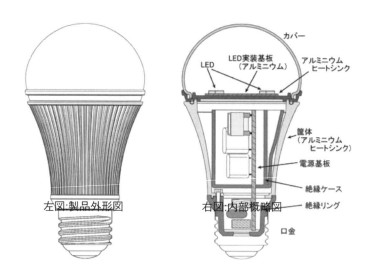

図3.7-1 白色LEDランプ構成例(電球形LEDランプ)

3.7.1 熱可塑性透明樹脂の性質[1-4]

　LED照明用の光学部品は、集光特性や光拡散特性が重要な特性であり、使用目的・用途に応じた光学設計がなされている。使用される主材料は、ポリメタクリル酸メチル(以下、PMMA)、ポリカーボネート(以下、PC)、ポリスチレン(以下、PS)樹脂等の熱可塑性透明樹脂が一般的である。これら主材料に必要に応じて光拡散剤、紫外線吸収剤等が添加され、射出成形法、押出成形法、プレス成形法等により設計された形状に成形される。光学部品に用いられる主な熱可塑性透明樹脂の光学的性質、熱的性質[1-4]を表3.7.1-1に示した。

表3.7.1-1 主な熱可塑性透明樹脂の光学的性質・熱的性質[1-4]

	測定方法	PMMA	PC	PS
光化学的性質				
全光線透過率(%)[1]	参考文献1	92〜93	87〜90	88〜90
屈折率[1]	参考文献1	1.49	1.58	1.59
アッベ数[2,3]	参考文献2,3	53	31	31
固有複屈折値[1]	参考文献1	-0.0043	0.1060	-0.1000
光弾性定数(10^{-13} cm^2・dyn^{-1})[4]	参考文献4	-2.7〜-3.8	74	8.3〜10.1
屈折率温度係数(10^{-5} K^{-1})[4]	参考文献4	8.5〜11	9〜14	12〜14
熱的性質				
線膨張係数(10^{-6} K^{-1})[3]	ASTMD696	50〜90	68	50〜83
熱伝導率(W・m^{-1}・K^{-1})[3]	ASTMD177	0.17〜0.25	0.20	0.12
ガラス転移温度(℃)[3]	—	105	145	100
熱変形温度(℃)[3]	ASTMD648	60〜88	138〜157	66〜91

アッベ数: 分散に対する屈性度の比を示した光学媒質の定数。異なった波長の光を異なった方向へ屈折させる度合いで、高いアッベ数を持つ物質は、波長に対しての光線の屈折の度合いによる分散は少ない。
固有複屈折値: 物質固有の複屈折の値。物質に光が入射すると互いに垂直な振動方向を持つ二つの光に分離する場合がある。固有複屈折値とは、以下の式で定義される物質固有の定数である。$\Delta n = \Delta nD \cdot f$、ここで$\Delta n$:配向複屈折率、$\Delta nD$:固有複屈折値、$f$:配向分布関数。
光弾性定数: 物質に圧縮力や張力などの応力が加わると屈折率が変化して応力複屈折が発生する。光弾性定数とは、以下の式で定義される物質固有の定数である。$\Delta n = C \cdot \sigma$、ここで$\Delta n$:応力複屈折率、$C$:光弾性定数、$\sigma$:応力。

透明樹脂の中で取りわけ透明性が高く、屈折率波長依存性が小さく(アッベ数が大きく)、広く用いられているPMMAを例に取り、温度(熱)による特性変化、光による特性変化により材料特性がどのように変化するかについて詳述する。

3.7.2 温度(熱)による特性変化[5]

(1) 全光線透過率

PMMAの汎用グレードである射出成型グレード、押出グレードの全光線透過率は、広い温度範囲でほとんど変化せず、透明性を維持する。一方、PMMAの耐衝撃グレードの全光線透過率は温度の上昇に伴い若干低下する。一般に透明性が高いPMMAにおいても、グレードによっては使用環境温度により透明性が変化する場合があり、材料選定の際に注意が必要である。

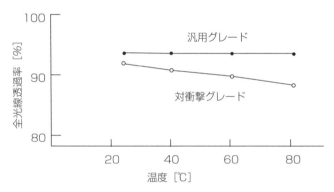

図3.7.2-1 PMMAの全光線透過率の温度依存性(板厚:2mm)

(2) 屈折率

PMMA汎用グレードは、ガラス転移温度(105℃)以下で、$8.5 \sim 11.0 \times 10^{-5} \cdot K^{-1}$ の屈折率温度係数を示し、光学ガラスと比べると2桁大きな値となる。これは、樹脂の線膨張係数が無機材料に比べて大きいためである。光学部品を設計する際は、使用環境温度を考慮する必要がある。

PMMAの屈折率と温度の関係[5]を式3.7.2-1に示す。

$$n = 1.4933 - 1.1 \times 10^{-4} t - 2.1 \times 10^{-7} t^2 \quad (式3.7.2\text{-}1)$$

  n　:屈折率
  t　:温度(K)

(3)線膨張係数

　PMMA汎用グレードの線膨張係数の温度依存性[6]を図3.7.2-2に示した。線膨張係数は温度によりやや変化し、温度が高くなる程大きくなる。また、金属と比較して絶対値は1桁大きい。例えば、1mの長さのPMMA汎用グレードは、20℃の温度変化に対して約1.5mmの伸縮がある。光学部品を設計する際は、使用環境温度だけでなく、温度変化量も考慮する必要がある。

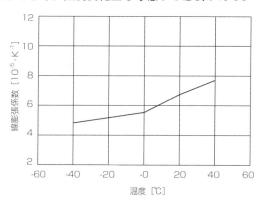

図3.7.2-2 PMMAの線膨張係数の温度依存性

　PMMAの線膨張によるPMMAの伸びと温度との関係を式3.7.2-2に示す。

$$\Delta l = 6.8 \times 10^{-3} \Delta t + 1.5 \times 10^{-5} (\Delta t)^2 \quad (式3.7.2\text{-}2)$$

  Δl :伸び(%)
  Δt :温度変化量(℃)、-70～70℃

(4)　熱伝導率

　PMMAの熱伝導率の温度依存性を図3.7.2-3に示した。熱伝導率は、温度とともに若干上昇する。何れの温度範囲でも、熱伝導率は金属等と比較してはるかに小さい。

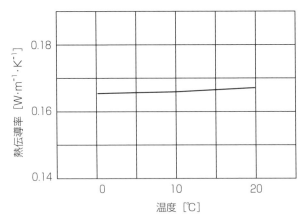

図3.7.2-3 PMMAの熱伝導率の温度依存性

(5) 機械的性質

　PMMAの機械的性質にも温度依存性がある。引張り特性、曲げ特性は、温度とともに変化する。図3.7.2-4にPMMA汎用グレードの中で比較的分子量の高いキャストグレードと比較的分子量の低い押出グレードの引張り強さ、曲げ弾性率の温度依存性を示した。分子量の違いにより値は若干異なるが、引張り強さ、曲げ弾性率は温度とともに低下する。

　PMMAだけでなく、光学部品に用いられる熱可塑性樹脂は使用環境温度、温度変化により諸物性が大きく変化することが知られている。材料選定の際に注意しなければならない。

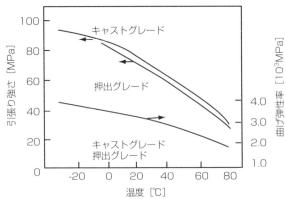

図3.7.2-4 PMMAの引張り強さと曲げ弾性率の温度依存性
(板厚:2mm、試験速度:5mm／min)

3.7.3 光による特性変化[6]

　LEDパッケージは、用いられるLEDチップ、蛍光体、封止剤の種類により、発光スペクトルが異なる。安定な光学持性を得るためには、屈折率等の波長依存性の少ない材料を用いることが望ましい。PMMAは、他の熱可塑性透明樹脂に比べて高いアッベ数を持ち(表3.7.1-1)、波長による屈折率の変化が小さいことも光学材料としてよく使用される理由である。

$$V_D = \frac{n_D - 1}{n_F - n_C} \qquad (式\ 3.7.3\text{-}1)$$

　V_D:アッベ数
　n_D:ナトリウム・フラウンホーファー線のD線(589nm)での屈折率
　n_F:ナトリウム・フラウンホーファー線のF線(486nm)での屈折率
　n_C:ナトリウム・フラウンホーファー線のC線(656nm)での屈折率

　白色LED照明は、蛍光ランプと異なり、400nm以下のUV－Aをほとんど放射しない[6]。PMMAは、400～780nmの可視光をほとんど吸収せず、光学特性、機械特性の変化は起こり難いといわれている。しかし、光学部品はLEDパッケージを保護するカバーとしての機能も兼ねている場合があり、外部環境にさらされる位置に設置されることが多い。白色LED照明は、屋内照明だけでなく屋外照明としても用いられるので、LEDパッケージから放射される光だけでなく、太陽光などの外光による劣化を考慮する必要がある。

　図3.7.3-1に、サンシャインウエザーメーター試験前後のPMMA特性変化を示した。LEDパッケージの寿命と同等以上の長期間に渡り、光学特性(黄変度)だけでなく、機械的特性(引張り強さ)もほとんど変化しないことがわかる。

　熱可塑性樹脂の種類、用いるLEDパッケージの発光特性および使用環境下の外光強度・種類によっては、光学部品に照射される可視光、紫外光に起因する化学変化により、着色等の光学特性変化、分子量低下による機械特性変化が起きる可能性がある。

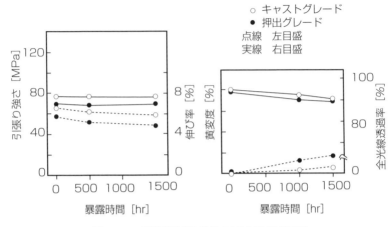

図3.7.3-1 耐候性試験前後のPMMA特性変化

　白色LED照明を設計する場合、用いるLEDパッケージの発光特性を考慮して光学材料に用いる樹脂を選定するだけではなく、屋内、屋外といった使用環境における外光特性による長期耐久性を考慮することが、材料選定を行う上で重要といえる。

[参考文献]
1) 佐々木茂明:「透明ポリマーの屈折率制御」、季刊化学総説、(1998)p97-104
2) 河合宏政:「透明ポリマーの屈折率制御」、季刊化学総説、(1998)p191-201
3) 旭化成アミダス株式会社「プラスチックス」編集部:「プラスチック・データハンドブック」、(1999)p1-225
4) 吉見裕之、長塚辰樹:「透明ポリマーの屈折率制御」、季刊化学総説、(1998)p155-164
5) 井出文雄:「オプトエレクトロニクスと高分子材料」、共立出版⑭、(1995)p13
6) LED照明推進協議会編:「LED照明ハンドブック」、オーム社、(2006)p32

第2部 実務編

　第2部では、照明用LEDの信頼性試験および評価に関する具体的方法について述べる。これから初めてLED照明の寿命予測などを中心とした信頼性試験を行おうとする技術者を対象とした。光学測定や信頼性試験の具体的作業に関しても初心者を想定して、一通りの解説を行うよう努めた。以下に述べるように、温度による影響が大きいので、温度に関する試験を中心に記述した。

LIGHT EMITTING DIODE

第1章
寿命推定の基礎

1.1 寿命の推定

　LEDの寿命を評価するための最も直接的な方法は実使用温度での連続動作試験であり、一定の動作条件(動作電流、温度等)での光出力の時間変化を調べることにより寿命(光出力が初期値の所定比率、例えば70％に減衰する時間)を知ることができる。しかしながら一般にLEDの寿命は室温で数万時間以上といわれており寿命確認にはきわめて長時間の動作試験を要する。照明用のLEDが実用化されてからまだ日が浅いためこのような長時間の動作試験データはほとんどない。しかし長時間の動作試験によらず数千時間の動作試験結果よりある程度その寿命を推定することができる。

　LEDの光出力Pの時間変化を表す近似式として動作時間に対し指数関数的に減少する例があり以下の式で表される。

$$P = P_0 \cdot \exp(-\beta t) \qquad (式\ 1.1\text{-}1)$$

P_0 ：初期の光出力
β ：劣化率
t ：動作時間

寿命:ランプの寿命は、ランプが使用できなくなるかまたは規定された基準によってそのように見なされるまでの総点灯時間である(JIS Z 8113参照)。ランプの種類によって、寿命の定め方に違いがあるが、代表的なものは次の通りである。白熱電球は一般に、フィラメント断線までが寿命であり、個々の値はデータシートに記載した定格値の70％以上、平均値は96％以上でなくてはならない(JIS C 7501参照)。蛍光ランプは、ランプが点灯しなくなるまで、または、全光束が初期値の70％(一部の品種は60％)となるまでであるが、データシートへは参考値として記載され、光束維持率(2,000時間)が表記される(JIS C 8152-3およびJIS C 8155等を参照)。LEDは、規定した条件で点灯した全光束またはCIE平均化LED光度が、点灯初期に対して、あらかじめ規定した比率になるまでの総点灯時間。

第2部 実務編 ● 第1章 寿命推定の基礎

この場合、光出力の変化(光束維持率)P/P_0と動作時間の関係は次式で表される。

$$\ln\left(\frac{P}{P_0}\right) = -\beta t \qquad (式\ 1.1\text{-}2)$$

すなわち光出力の変化(光束維持率)の対数を縦軸に、動作時間を横軸にとりグラフをかけば直線の関係となり図1.1-1に示すように数千時間までの実測データから直線を延長して寿命時間(光束維持率70％の時間)を外挿により推定することができる。

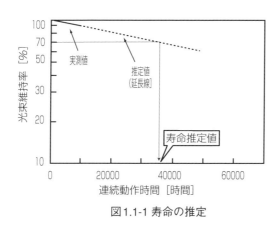

図1.1-1 寿命の推定

この他にLEDの光出力の時間変化を表す近似式としては

$$P = P_0 - Kt \qquad (式\ 1.1\text{-}3)$$

$$P = P_0 - K\sqrt{t} \qquad (式\ 1.1\text{-}4)$$

K：定数

などもあり、それぞれ縦軸を光出力(リニアスケール)、横軸を動作時間(リニアスケールまたは$\sqrt{\ }$値)でグラフをつくり近似式から光出力が初期値の70％になる時間を外挿することによって寿命を推定することができる。

1.2 実際の動作試験データ

　現在、LED動作寿命に対する理論および試験方法が規格化されているが米国レンセラー工科大学の研究[1]が基本となった。図1.2-1に同研究センターが公開しているLEDの連続試験データを示す。この例では5種類の高光束LEDを10,000時間連続通電し、その光出力の変化を調査した。そしてそのデータを式1.1-1に挿入し、外挿して光出力が初期値の70％になる時間を推定している。テストしたLEDは1チップ赤色、緑色、青色、白色および複数チップ白色の5種類である。このデータでは1チップ方式の白色LEDの寿命(光出力が70％になる時間)は45,000時間と推定される(試験条件は雰囲気温度35℃、動作電流350mA)。試験条件を変え、50℃、350mAおよび35℃、450mAでのデータも示され、1チップ白色LEDの寿命はそれぞれ約15,000時間、35,000時間と推定された。

　参照規格としてはJIS C 8152-3および米国IESNAのLM-80-08，LM-82-12，TM21-11がある。

第2部 実務編●第1章 寿命推定の基礎

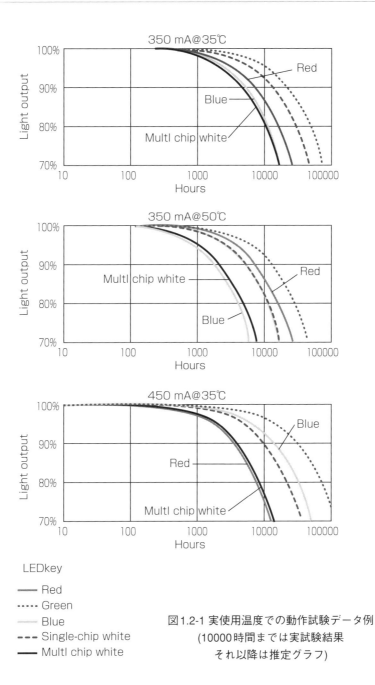

図1.2-1 実使用温度での動作試験データ例
(10000時間までは実試験結果
それ以降は推定グラフ)

137

1.3　寿命推定の精度(加速試験との比較)

　白色LEDの室温での動作試験の例としては数千時間の実験データがある。ある例では発光出力が25℃では数千時間まで減少せず、むしろ若干増加気味である。式 1.1-1にしたがって劣化が始まるのはある程度初期通電をして安定な特性を示してからであり、正しい寿命推定をするためには一定の初期通電をしてから本来の通電試験をした方がよいと述べている文献も見られる。この初期通電の時間は通常1,000時間程度であり、この時間を過ぎると劣化が始まるとされている。米国レンセラー工科大学光学研究センターでは初期安定化のため、はじめの1,000時間を通電してからそれを初期値としてさらに追加5,000時間の動作試験をしてそのデータから式 1.1-1による外挿法で寿命を推定することを提唱している。

　しかしながら製品によりこの劣化開始の時間は必ずしも一定ではなく、劣化開始時間をどのように見積もるかは難しい。一方、温度による加速試験については高温にする程、劣化が促進され、より短時間で結果を得ることができるが、実使用温度では発生しない故障モードになることがあるため、正しい寿命推測にならない。これに注意し、加速試験温度は慎重に選ばなければならない。

加速試験:長時間かかる試験を故障モードが同一となる範囲内で、温度や電流などを増加させ、劣化を促進させ、短時間で結果を得ようとする試験である。加速寿命試験ともいう。参照規格としてはJIS C 8152-3および米国IESNAのLM-80-08がある。

1.4 故障の予測

　寿命の評価を行う場合は長時間の連続通電(米国IESNAのLM-80-08規格参照、温度水準として55℃、85℃および第3の温度として指定されている)が必要となる。連続通電中ある時間間隔にてLEDを取出し特性検査を実施する(米国IESNAのLM-79-08参照、試験環境温度は25℃)。

　この特性検査にLEDの不良および劣化解析としてリーク測定および過渡熱抵抗測定(ΔVf法使用)を追加する事により非破壊測定にて故障、劣化要因の解析が可能である。過渡熱抵抗測定については第3章にて説明する。

［参考文献］
1)米国レンセラー工科大学光学研究センター、LED劣化試験に関するレポート
入手経路　http://www.lrc.rpi.edu/programs/solidstate/completedProjects.asp?ID=73

コラム

● LED で植物栽培 その1 ●

　最近、野菜の価格が不安定と感じられたことはありませんか？ご存知のように野菜の収穫量は気象の変動に大きく影響を受けます。ここ数年の異常気象によって、野菜の価格が不安定になっていることはよく耳にすることです。そこで、野菜を含む植物全般を工業的に栽培しようとする取組みがすでに始まっています。

　植物は可視光により成長をします。すなわち、300nm～800nmの範囲の波長の光を、植物に含まれる葉緑素などの物質が吸収し、光合成を行うことで成長します。特に400nm～700nmの波長の光では、光合成が効率よく行われます。さらに形態形成のためには、300nm～800nmの波長の光が必要となります。

　図1は光合成作用曲線です。人間の眼の視感度に相当するものです。この曲線から光合成には赤色光の効果が最も高いことがわかります。(154ページにつづく)

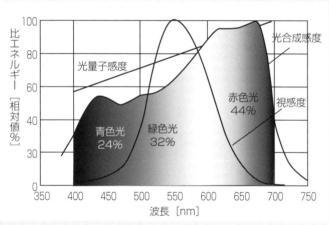

図1　光合成作用曲線

【用語解説】
光合成:光のエネルギーを用いて、二酸化炭素と水から有機化合物を合成する植物にとっては重要な光反応。クロロフィルという色素が光を吸収し、その役割を果たします。

LIGHT EMITTING DIODE

●●● 第2章 ●●●
加速試験

2.1 電流加速試験

　LEDの寿命は数万時間といわれており、通常使用状態での通電試験で寿命を調べようとすると数年の月日を要することになる。そのため過負荷をかけることにより劣化を加速させる試験を行うが、これを加速試験という。加速試験における加速係数を割り出すことで、通常使用状態における寿命時間を推定することができる。

　電流を加速パラメータとするものを電流加速試験といい、半導体の金属配線の断線寿命を調べる際などに用いられる。試験方法としては定電流ストレス試験が最も一般的で、最大定格電流値よりも大きな電流を流し、劣化を加速させる。

　電流加速試験は1つの恒温槽で加速条件の異なる複数の試験を同時に行うことができるため、1つの恒温槽で1つの加速状態のみである温度加速試験に比べて試験にかかる時間を短縮することができる。

　しかし、LEDの光束低下の主要因である樹脂の劣化を加速するために電流加速試験を行うと、ジャンクション温度の上昇による樹脂の劣化に加えて、

・ 光強度の増大による樹脂の劣化
・ 電流密度増大による故障

など、複数の加速パラメータが複雑に関わってくるため、加速係数を割り出すことが困難になる。

　このため、光束低下に注目した寿命加速試験を行う場合、一般的に電流加速試験ではなく、温度加速試験が行われることが多い。

　なお、温度加速試験においても、恒温槽の能力以上にジャンクション温度を上げたい場合には、ある程度まで順方向電流値を上げる場合もある。

2.2 温度加速試験による評価

　LED照明器具の寿命としては、光束が徐々に低下していく(暗くなっていく)光束維持率としての寿命と、突然光らなくなる電気回路上のオープン・ショートによる故障の寿命の2つが存在する。光束維持率低下については、LEDチップから外部へと光が通過する経路の変質に起因し、オープン・ショートによる故障については、LEDチップ周辺の通電部分だけでなく、交流から直流に変換する電源回路部分の変質も対象となる。

　本項で取り扱う温度加速試験は、上記前者の光束維持率の寿命について、通常使用条件では数万時間かかる寿命時間の評価を短縮するために実施される。実際には、数千時間から1万時間程度で寿命を迎える複数の試験温度を変えた光束維持率の試験結果から、整合性の高い劣化モデルを選定して、通常使用時の寿命を外挿にて推測する作業に利用される。

　LED照明器具の光束維持率低下については、各メーカー、各品番、各環境条件で様々であり、原因が一つに絞られているわけではない。よって、通常使用条件での寿命の推測方法についても2014年時点において、実用的かつ万能なモデルはないが、北米照明学会規格のLM-80、TM-21や「JIS C 8152-3 照明用白色発光ダイオード(LED)の測光方法－第3部:光束維持率の測定方法」に概ね広く容認された光束維持率試験の方法、LEDの温度測定方法、光束維持率の寿命推定(外挿)方法が規定されており、標準的な手法として使用されている。

　なお、温度加速試験における試験温度の設定方法については、従来、試験で使用する恒温槽内部温度を試験温度に合わせた設定とする方法が一般的であるが、最近では試験条件精度の向上を目的として、試験中のLEDチップのジャンクション温度を一定とする設定方法も検討されている。上記LM-80の要求事項でも、LEDパッケージのケース温度(LEDメーカーの指定によるが、LEDチップのジャンクションに最も近く、かつ、外部から温度測定が可能な位置として、

例えばLEDパッケージのヒートシンク底面やLEDチップ搭載側リードフレームのはんだ付け部)を一定に保ちながら(モニタリングしながら)、通電試験を実施する方法が示されている。

2.2.1 アレニウスモデル

　LEDの寿命を調べるために、実際の使用温度より高い温度で動作させLEDの光束低下を調べ、実使用温度での寿命を予測する温度加速試験が行われる。これはアレニウス(スウェーデンの科学者)によって導かれた化学反応の速度を予測する式に基づき行われる試験であり、この式はアレニウスの式と呼ばれている。

　アレニウスの式は、化学反応の速度と使用温度との関係を表している。

$$K = A \cdot \exp\left(-\frac{E_a}{k_b T}\right) \quad (式\ 2.2.1\text{-}1)$$

　　　K　：反応の速度定数
　　　A　：定数
　　　E_a：活性化エネルギー
　　　k_b：ボルツマン定数
　　　T　：温度(絶対温度)

光束低下したときの寿命LはKに反比例するため、上式の逆数をとると、

$$L = B \cdot \exp\left(\frac{E_a}{k_b T}\right) \quad (式\ 2.2.1\text{-}2)$$

　　　L　：寿命
　　　B　：定数

と表せる。

定数Bと活性化エネルギーE_aは物質固有の定数であるが、これがわかる場合はこの式から寿命を予測することができる。一般的に、これらの定数がわからないため実験により求める。

この式の自然対数をとると

$$\ln L = \frac{E_a}{k_b} \cdot \frac{1}{T} + \ln B \quad \text{(式 2.2.1-3)}$$

となる。

この式は対数グラフ上においてy=ax+bの直線式で表せ、ln Lと1/Tを変数とする直線となる。この直線の傾きから活性化エネルギーEaを算出することができ、また、切片から定数Bを求めることができるため、これらの定数がわからない場合でも寿命を予測することができる。このようにアレニウスの式より求められるこの図をアレニウスプロットと呼ぶ(図2.2.1-1)。

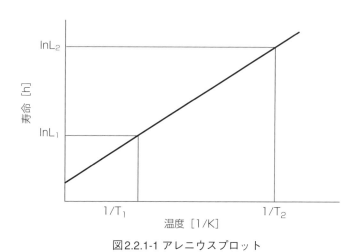

図2.2.1-1 アレニウスプロット

2.2.2 アレニウスプロットによる予測

実際のLED機器の寿命予測を行うのにアレニウスプロットによる予測が用い

られる。

　初期光束に対する低下の割合(%)を決め、恒温槽内にてLEDを点灯させ、光束が低下するまでの時間を測定する。恒温槽の設定温度を変え測定を繰り返し行う。

　加速試験を行ったさいの故障モードを評価するために、ワイブルプロットを用いる。横軸に時間［h］、縦軸には累積故障率(F)を下式に代入した値をとる(片対数)。それぞれの近似線の傾きがほぼ同じであることを確認する。これにより故障モードが同一モードであるかを判別する(図2.2.2-1)。

　温度と時間をアレニウスプロットし寿命と温度の直線式を導く。この直線式から実際の使用温度での時間を算出し寿命を予測する。

ワイブルプロット縦軸 : $\ln\ln(1/(1-F))$

累積故障率 : F

$$\left[\begin{array}{l} \text{ある時間における試験サンプル数中の故障数の割合} \\ \text{例　100時間後　サンプル数10個, 故障数2個} \\ \text{累積故障率F} = 2/10 \\ \phantom{\text{累積故障率F}} = 0.2 \end{array} \right]$$

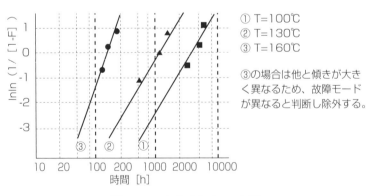

① T=100℃
② T=130℃
③ T=160℃

③の場合は他と傾きが大きく異なるため、故障モードが異なると判断し除外する。

図2.2.2-1 ワイブルプロット例

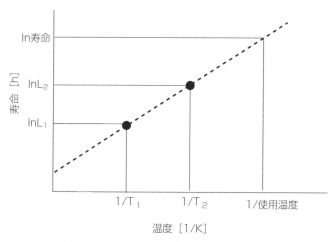

図2.2.2-2 アレニウスプロット測定結果図(例)

2.2.3 アレニウスプロットと寿命推定の計算例

実際に温度加速寿命試験を行い、その結果から推定寿命などの有意義な値を算出する実例を示す。ここでは、4水準の温度で温度加速試験を行い、0時間から10,000時間までの間に6回の測定を行った場合のデータ処理の流れを実際の表計算ソフトの表示を示して解説する。

実際に用いたシートの例を次に示す。アミがかかっているセルが実験毎に入力すべき部分である。[試験温度(℃)]の右側には、実際の試験温度(100, 110, 120, 130)が入力されている。この温度は、低すぎると劣化するまでに時間がかかりすぎて実用にならないし、高すぎると材料が本来とは異なるモードで劣化し、正しい結果が得られない。

[実験データ]には、測定時間と測定結果(光束維持率)が入力されている。今回示した例では0時間から10,000時間であるが、これはLEDの種類や試験温度によって調整が必要である。全ての温度領域で、光束維持率が90%以下となるようにするのが望ましい。例では、100℃のものが95%までしか劣化していない。このデータは、同じ条件で実験した幾つかのサンプルの測定結果の平均を入力す

ることを前提としている。前述のワイブル分析を行うことを想定すると、同一条件で10個以上のサンプルを用いるのが望ましい。時間間隔は、指数関数近似を行うので、対数的な間隔であるのが望ましい。それぞれの時間で測定した光束の値を0時間での測定値で除したものの平均を光束維持率としている。

［寿命と考える光束維持率(τ_0)］は通常は70％であるが、特別に理由がある場合には変更することもできる。

　光束維持率が時間に対して指数的に減少することを仮定し、それぞれの温度での寿命時間を推定している。具体的には、光束維持率の対数をとり、時間との関係を直線近似することによって計算している。これによって推定した［推定寿命(τ)］の対数［$\ln(\tau)$］と、絶対温度の逆数をグラフに表示している。これが、アレニウスプロットである。このグラフの傾きは、［活性化エネルギー］と呼ばれ、例では0.965eVと計算されている。原子拡散現象や化学反応に関しての活性化エネルギーは通常0.1から2eV程度である。このプロットから、温度と推定寿命の関係がわかるので、温度を決めた場合の寿命、寿命を決めた場合の上限温度を求めることができる。例では、105℃のとき、41,587時間と推定されている。また、40,000時間の寿命が必要であれば、温度を105.5℃以下にする必要があることが示唆されている。

　それぞれの推定部分で、相関係数が表示されている。実験結果をもとにした推定であるので、相関係数に注意をした上で余裕をもった設計、使用を心がけることも必要である。

原子拡散現象:固体(特に金属や半導体などの結晶構造)において、物理的、機械的性質の変化は、構造の微視的な変化によって引き起こされる場合が多い。その構造変化のほとんどは構成原子の拡散によって引き起こされる。これを原子拡散現象と呼んでいる。一般に、濃度勾配があれば、原子拡散によって、高濃度側から低濃度側へ物質が多く移動し、濃度勾配が小さくなっていく。拡散速度は、拡散する原子と、母体となる結晶構成原子の種類(直径)に強く影響される。また、一般に温度が高いと速くなる。これは、原子が移動する確率が、移動に関して必要なエネルギーに関係しているからである。この確率は、一般に指数関数(exp)で記述される。さらに、結晶表面、転位などの歪や電界が存在すると拡散速度が大きいことが多い。

第2部 実務編 ●第2章 加速試験

	B	C	D	E	F
3	試験温度 [℃]	100	110	120	130
4	試験温度 [K]	373	383	393	403
5	1T [K^{-1}]	0.00268097	0.00261097	0.0025445	0.00248139
6					
7			実験データ		
8	時間 [h]		光束維持率		
9	0	1	1	1	1
10	100	0.998	0.999	0.990	0.992
11	300	0.997	0.990	0.980	0.978
12	1000	0.980	0.982	0.964	0.931
13	3000	0.973	0.947	0.917	0.867
14	10000	0.950	0.850	0.839	0.520
15					
16	寿命と考える光束維持率（τ_0）			70%	
17					
18	時間 [h]		光束維持率 [ln]		
19	0	0	0	0	0
20	100	-0.002002	-0.0010005	-0.01005	-0.0080322
21	300	-0.0030045	-0.0100503	-0.020203	-0.0222456
22	1000	-0.0202027	-0.018164	-0.036664	-0.071496
23	3000	-0.0273712	-0.0544562	-0.086648	-0.1427163
24	10000	-0.0512933	-0.1625189	-0.175545	-0.6539265
25					
26	傾き	-183245.0	-6185.3	-57367.6	-15323.3
27	切方	-772.389	-137.863	-764.701	105.545
28	相関係数	-0.94	-1.00	-0.98	-1.00
29					
30	ln [τ_0]	-0.35667	-0.35667	-0.35667	-0.35667
31					
32	推定寿命 [τ]	64586	21923	19715	5571
33	ln [τ]	11.08	10.00	9.89	8.63
34					
35	傾き	切片	活性化エネルギー		相関係数
36	11192.58	-18.9745	0.965eV		0.96
37					
38	温度から寿命を測定			寿命から温度を測定	
39	105℃のとき	41587時間		40,000時間のとき	105.5℃

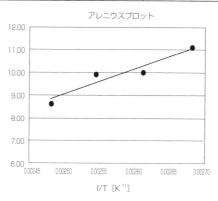

アレニウスプロット

以下に、表計算の計算式を示す。マイクロソフト®のエクセル®を使用している(注意:光束維持率から寿命を推定する必要があるので、時間を光束維持率の関数と見なしており、通常とx軸、y軸が逆になっている。傾き、切片の数値を見るときに注意が必要である)。

	B	C	D	E	F
3	試験温度 [℃]	100	110	120	130
4	試験温度 [K]	=C3+273	=D3+273	=E3+273	=F3+273
5	IT [K-1]	=1/C4	=1/D4	=1/E4	=1/F4
6					
7		実験データ			
8	時間 [h]	光束維持率			
9	0	1	1	1	1
10	100	0.998	0.999	0.99	0.992
11	300	0.997	0.99	0.98	0.978
12	1000	0.98	0.982	0.964	0.931
13	3000	0.973	0.947	0.917	0.867
14	10000	0.95	0.85	0.839	0.52
15					
16	寿命と考える光束維持率　[τ_0]			0.7	
17					
18	時間 [h]	光束維持率 [l_n]			
19	0	=LN(C9)	=LN(D9)	=LN(E9)	=LN(F9)
20	100	=LN(C10)	=LN(D10)	=LN(E10)	=LN(F10)
21	300	=LN(C11)	=LN(D11)	=LN(E11)	=LN(F11)
22	1000	=LN(C12)	=LN(D12)	=LN(E12)	=LN(F12)
23	3000	=LN(C13)	=LN(D13)	=LN(E13)	=LN(F13)
24	10000	=LN(C14)	=LN(D14)	=LN(E14)	=LN(F14)
25					
26	傾き	=SLOPE($B19:$B24,C19:C24)	=SLOPE($B19:$B24,D19:D24)	=SLOPE($B19:$B24,E19:E24)	=SLOPE($B19:$B24,F19:F24)
27	切片	=INTERCEPT($B19:$B24,C19:C24)	=INTERCEPT($B19:$B24,D19:D24)	=INTERCEPT($B19:$B24,E19:E24)	=INTERCEPT($B19:$B24,F19:F24)
28	相関係数	=CORREL($B19:$B24,C19:C24)	=CORREL($B19:$B24,D19:D24)	=CORREL($B19:$B24,E19:E24)	=CORREL($B19:$B24,F19:F24)
29					
30	l_n [τ_0]	=LN(E16)	=LN(E16)	=LN(E16)	=LN(E16)
31					
32	推定寿命 [τ]	=C30*C26+C27	=D30*D26+D27	=E30*E26+E27	=F30*F26+F27
33	l_n [τ]	=LN(C32)	=LN(D32)	=LN(E32)	=LN(F32)
34					
35	傾き	切片	活性化エネルギー	相関係数	
36	=SLOPE(C33:F33,C5:F5)	=INTERCEPT(C33:F33,C5:F5)	=B36/11604.5&"eV"	=CORREL(C33:F33,C5:F5)	
37					
38	温度から寿命を推定				
39	105℃のとき	=EXP(B36*(1/(273+105))+C36)		時間	
40					
41	寿命から温度を推定				
42	40,000時間のとき	=B36/(LN(40000)-C36)-273		℃	

2.3 温湿度加速度試験

2.3.1 アイリングモデル

アレニウスモデルは温度のみを考慮しているが、これに湿度や電圧など、他のパラメータを含めて拡張したものがアイリングモデルである。アイリングモデルは以下の式で表される。

$$K = \acute{A} \cdot \exp\left(-\frac{E_a}{k_b T}\right) S^m \qquad (式\ 2.3.1\text{-}1)$$

K ：反応の速度定数
$\acute{A}, A$ ：定数
E_a ：活性化エネルギー
k_b ：ボルツマン定数
T ：温度(絶対温度)
S^m, S^n：温度以外の加速パラメーター

温度以外のパラメータが一定のとき、$S^m=1$ となり、アレニウスモデルと一致する。

この式の逆数をとり寿命時間をLとすると、

$$L = A \cdot \exp\left(\frac{E_a}{k_b T}\right) \cdot S^n \qquad (式\ 2.3.1\text{-}2)$$

と表すことができる。アレニウスモデルと同様に、定数Aと活性化エネルギーE_aは物質固有の値であるが、実験により求めることができる。

例えば、温度と湿度が加速パラメータである加速試験を行うとする。このときのアイリングモデルの式は次のようになる。

$$L = A \cdot \exp\left(\frac{E_a}{k_b T}\right) f(RH) \qquad \text{(式 2.3.1-3)}$$

$f(RH)$相対湿度に関する関数

寿命推定までに行う手順としては以下のようになる。

1) さまざまな湿度・温度条件で加速試験を行い、所定の寿命(光束30%減など任意に設定)に至る時間を調べる。ただし、2.2.2節で述べたワイブルプロットを用いて故障モードが異なる加速条件は除外する。
2) 湿度一定で温度を可変させた試験についてアレニウスプロットを行う。
3) 湿度の逆数と寿命の対数が比例することがわかっているため、温度一定で湿度を可変させた試験についても2)と同様にプロットを行う。
4) 2)、3)の結果から、未知の数値であったA、Eaの値を算出する。
5) 式2.3.1-3より、任意の条件における寿命時間の推定を行う。

以上より、式2.3.1-3は次のようになる。

$$L = A \cdot \exp\left(\frac{E_a}{k_b T}\right) \cdot \exp\left(\frac{\beta}{RH}\right) \qquad \text{(式 2.3.1-4)}$$

β：定数

さらに両辺の対数をとると次のようになる。

$$\ln L = \left(\frac{E_a}{k_b T} + \frac{\beta}{RH}\right) + \ln A \qquad \text{(式 2.3.1-5)}$$

以上のことより、アイリングモデルにおける定数が求められ、複数の加速パ

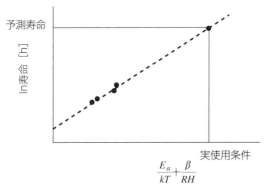

図2.3.1-1 アイリングモデルの概念図

ラメータが存在する場合の寿命予測式が算出できる。これをプロットしたものが図2.3.1-1である。

> コラム

●LEDで植物栽培 その2●

　植物は光合成で成長しますが、それ以外に形態形成が重要な光反応です。その形態形成には、420nm～470nmの波長の青色光、および550nm～800nmの波長の赤色光が必要とされています。

　結局、光合成には赤色の光の効果が最も大きく、葉の正常な形態形成には青色の光が必要になります。もちろん、植物の種類や成長段階等に応じてこれらの色の光の最適な割合があると考えられています。いずれにしても、植物の成長においては必ずしも太陽光のような白色光が必要ではなく、特に緑色の光は重要ではないことがわかります。

　植物を栽培する際には、必ずしも白色光が必要ではなく、実際に赤色と青色のLEDで植物が栽培できることが実証されています。代表的なLEDのスペクトル分布を図2に示します。LEDは必要な波長成分の光のみの光源が作製可能であり電力効率の高い人工光育成が実現されます。

　LEDを使った植物栽培の利点は、決まった時期に、予定している量を安定的に出荷することが可能になることです。また、気象等の変動の影響も受けないために植物の形状も安定し、さらには閉鎖された空間でできるため、細菌の付着が少なく鮮度が長持ちする利点もあります。

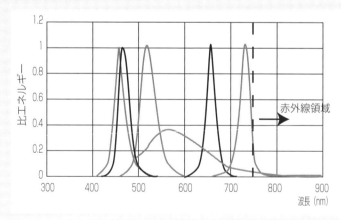

図2　LEDのスペクトル曲線

【用語解説】
形態形成:種子発芽、花芽分化、開花、子葉の展開、葉緑素合成などの植物の質的な変化をさします。フィトクロームという色素の働きで誘起されます。

LIGHT EMITTING DIODE

第3章
ジャンクション温度の推定方法

　LEDの劣化は温度に影響される度合いが大きい。ここでいう温度とは半導体のジャンクション温度T_jであり、LEDに特化していうとpn接合面温度に相当する。

　ジャンクション温度を測定し把握しておけば、LEDの劣化をある程度予測することが可能なのである。

　本節では物理的に可能な方法によりジャンクション温度を推定する手法を紹介する。

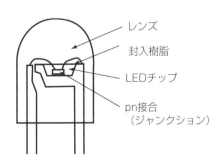

3.1 ΔV_f法

　一般にpn接合ダイオードの順方向電圧V_fは、ジャンクション温度T_jの上昇に従い減少するという特性をもつ。この特性は、順方向電流I_fの値が小さな領域(例えば1mA)では直線的となるため、V_fを測定することでT_jを推定することができる。

3.1.1　$T_j - V_f$関係

　対象とするLEDのT_jとV_fの関係(図3.1.1-1)は、T_jの上昇がほとんど無視できる程度の小さな基準順電流I_M(例えば1mA)にて、LED周囲温度T_a($T_a \fallingdotseq T_j$)毎に、V_fを測定することで得ることができる。

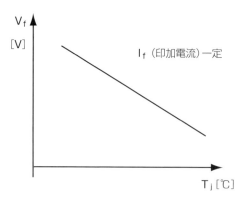

図3.1.1-1　$V_f - T_j$関係(概念図)

【手順】(サンプル数は、n=3以上が望ましい)
1) 恒温室内を一定温度T_a［℃］に保ってLEDチップを30分程放置し、ジャンクション温度T_j［℃］を環境温度T_a［℃］と同じにする。
2) LEDに基準電流I_Mを流しV_fを測定する。ジャンクションの発熱を抑えるためI_Mは微小電流(例えば1mA)とする。

3) 1)、2)を40℃〜100℃で行う。(間隔は10℃または20℃)
4) 測定結果をグラフにプロットする。

3.1.2 実使用におけるT_jの推定

実使用におけるT_jは、実使用電流I_{OP}にてLED温度上昇が十分に飽和した状態にしておき、実使用電流を基準電流I_Mに切り替えてV_fを測定し、先に求めた図3.1.1-1の関係グラフからT_jを参照することで推定することができる。

なお、基準電流I_Mに切り替えた時点よりT_jは低下するため、できるだけ短時間でV_fを測定することがポイントとなる。パルス幅200μs、デューティーサイクル1/1000で測定したという報告がある[1]。

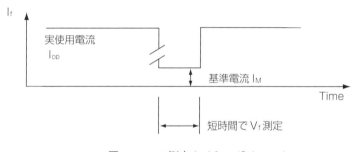

図3.1.2-1 V_f測定タイミングチャート

【手順】(サンプル数は、n=3以上が望ましい)
1) LEDを実使用電流I_{OP}で30分程点灯させ、ジャンクション温度T_jを飽和させる。
2) LEDの順方向電流を基準電流I_Mに切り替え、短時間(例えば200μsec)でV_fを測定する。
3) 基準電流I_Mで求めた$T_j - V_f$関係グラフよりT_jを求める。

なお、T_jに対するV_fの傾きm［$V/℃$］があらかじめわかっている場合には、

デューティーサイクル: パルス幅をパルス周期で割った値。

実使用電流を通電する前と、通電による温度飽和後にそれぞれ基準電流I_MでV_fを測定し、その差ΔV_fを得ることでT_jを推定することができる。I_fが微小な領域(1mA未満)ではmはおよそ2［mV・℃$^{-1}$］になることが知られている[2]。

$$T_j = T_a + \frac{\Delta V_f}{m} \qquad (式\ 3.1.2\text{-}1)$$

- T_j ：ジャンクション温度(℃)または(K)
- T_a ：周囲温度(℃)または(K)
- ΔV_f ：実使用電流印加前後の基準電流印加時の発生電圧の差(V)
- m ：基準電流印加時に発生する電圧の温度係数 (V・℃$^{-1}$)

また、測定したジャンクション温度T_jと測定時の周囲温度T_aおよび発熱飽和時の順方向電流I_{OP}と順方向電圧V_{OP}よりLEDの熱抵抗$R\theta_{j\text{-}a}$を求めることができる。

$$R\theta_{j\text{-}a} = \frac{(T_j - T_a)}{V_{OP} \cdot I_{OP}} \qquad (式\ 3.1.2\text{-}2)$$

順方向電流:LEDが発光する方向(アノードからカソード)へ流れる電流。
順方向電圧:LEDの順方向に電流を流した時に、LEDの両端に発生する電圧。LEDを点灯させる上では、電力損失の観点からなるべく小さい方が望ましいが、半導体固有の特性でもあり限界がある。

3.2 熱抵抗法

　前各章で、LEDの寿命にはLEDの温度が大きな影響を与えていることを述べた。LEDは発光するとともに熱を発生するので、その熱で加熱される。LEDの温度を低く保つためには、周囲の温度を低くするとともに、この発生した熱を効率良く放熱してやらねばならない。熱の流れを妨げる程度を表す値が「熱抵抗」である。単位は℃・W^{-1}または$K・W^{-1}$で、1W当り何℃の温度差が生じるかを示す。

　LEDのジャンクション温度の測定は前節で述べたように特別な設備を必要とし、機器へ組込んだ後では測定が困難である。そこで、この熱抵抗を用いれば、次のようにしてジャンクション温度を推定することができる。

　LEDランプのカタログや仕様書にジャンクション～パッケージ外部端子(一般にカソード側)間の熱抵抗$R\theta_{j-c}$［℃・W^{-1}］が明示されている場合は、パッケージ外部端子温度T_cを測定することにより計算でジャンクション温度T_jを推測することができる。

$$T_j = T_C + R\theta_{j-c} \cdot P \qquad (式\ 3.2\text{-}1)$$

　PはLEDランプの消費電力［W］であり、概ね順方向電圧V_f［V］と順方向電流I_f［A］の積とする。

　この方法は比較的簡単ではあるが、熱抵抗$R\theta_{j-c}$は一定の条件に対してのみ示されている場合が多く、実際の使用条件において熱抵抗$R\theta_{j-c}$は変動する。したがって、この方法で推測されるジャンクション温度は実際の値と差異があることに留意しなければならない。

　熱抵抗には飽和熱抵抗と過渡熱抵抗とがある。飽和熱抵抗とは、ある電力を

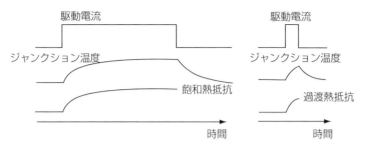

図3.2-1 飽和熱抵抗と過渡熱抵抗

投入し続けたときに、最終的にジャンクション温度が何℃上昇するかを示す熱抵抗である。過渡熱抵抗は、ある電力を短時間だけ投入したときに、ジャンクション温度が何℃上昇するかを示す熱抵抗である。

［参考文献］
1) Lighting Research Center : "A method for projecting useful life of LED lighting systems",(2004)
2) EIA/JEDEC Standard JESD51-1 ～ JESD51-53

コラム
● 過渡熱抵抗測定 ●

過渡熱抵抗を測定する事によりLEDのジャンクションから放熱器へ至る熱伝導の具合を知ることができます。

1. 過渡熱抵抗測定

図のようなLEDチップを使用し、放熱器を取り付けた場合（LEDモジュール）の過渡熱抵抗測定結果をグラフで説明します。図およびグラフは一般例です。

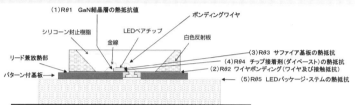

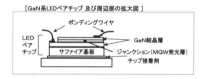

図　LEDモジュールの構造例

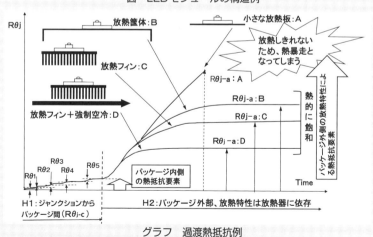

グラフ　過渡熱抵抗例

2. 測定結果の説明

2.1　H1区間（ジャンクションからパッケージの外部：$R\theta_1 \sim R\theta_5$）の説明

グラフの$R\theta_1$から$R\theta_5$はLEDチップおよびパッケージ化するための材質、および接続時の接触による熱抵抗を表します。熱抵抗が小さい程すぐれています。各材料の接続が悪ければ熱抵抗値が大きくなり放熱性が悪くなります。過渡熱抵抗測定を行うと材質、各接続状況の評価が可能です。各Rθの例としては

(1) $R\theta_1$　　GaN結晶層の熱抵抗値
(2) $R\theta_2$　　ワイヤーボンディング（ワイヤーおよび接触抵抗）
(3) $R\theta_3$　　サファイア基板の熱抵抗
(4) $R\theta_4$　　チップ接着剤（ダイペースト）の熱抵抗
(5) $R\theta_5$　　LEDパッケージ・ステムの熱抵抗
(6) パッケージ内熱抵抗値:$R\theta_j\text{-}c(\text{Junction\_to\_Case}) = R\theta_1 + R\theta_2 + R\theta_3 + R\theta_4 + R\theta_5$

2.2　H2区間(放熱特性は放熱器に依存:$R\theta_j\text{-a:A}$、$R\theta_j\text{-a:B}$、$R\theta_j\text{-a:C}$、$R\theta_j\text{a:D}$)

放熱器および熱的接着材の放熱特性が過渡熱抵抗および飽和熱抵抗として測定できます。

2.3　不良解析

過渡熱抵抗を測定する事によりジャンクションから放熱器に至るまでの材料および作業の不良を発見する事が可能です。例えばワイヤーボンディング不良は$R\theta_2$が、チップ接着剤にボイドがある場合は$R\theta_4$が大きくなります。

なお、LEDパッケージ内部の熱容量は小さく熱は非常に短い時間で伝わるので、パッケージ内部の過渡熱抵抗を測定するには短時間(例えば20msec程度)の測定が可能なシステムが必要です。そのような装置をうまく活用すれば、流動製品の工程内検査も実施することができます。

第4章
光劣化のメカニズム

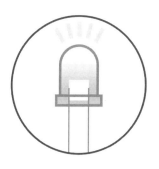

図4-1に照明用LEDパッケージの一般的な構造と各構成部材の劣化要素を示す。この図に示すように、LEDもトランジスタなど他の半導体デバイスと同様に様々な要因が絡まりあって特性の劣化が起こると考えられる。

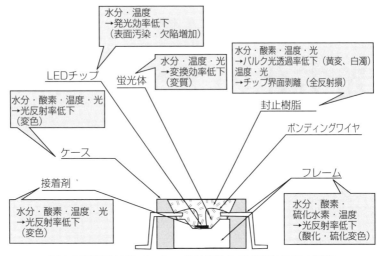

図4-1 照明用LEDパッケージの構造と構成部材の劣化要素

しかしながら、LEDの劣化機構が他の半導体デバイスと比べて特異な点は、光による劣化が加わるということである。すなわち、LEDではチップ接着剤や封止樹脂などLEDチップに近接している有機系部材がLEDチップから放射される光によって劣化を起こし、その結果透過率や反射率が低下するため次第に光出力が減少する。特に照明用LEDパッケージではチップの光出力が大きいために光劣化はLEDの寿命を左右する大きな問題となる。

この光劣化は、化学反応の一つである光化学反応であると考えられる。光化学反応は次の二つの法則によって規定される。

●光化学第一法則(Grotthus-Draperの法則)

物質に照射された光のうち、吸収された光だけが反応に関わる。

●光化学第二法則(光化学当量則、Stark-Einsteinの法則)

吸収された1個の光子は、その光子を吸収した1個またはそれ以下の分子を活性化する。

すなわち、照射された光が部材に吸収されることによってのみ光劣化は起こり、吸収されなければ(つまり100％透過したり反射したりすれば)光劣化は起こらない。

4.1　青色LEDチップの光劣化

第1部 基礎編 第3章 各部材の諸特性　3.1青色LEDチップの項で、劣化要因として温度(発熱)と電気的ストレスによる劣化について述べた。本項では青色LEDチップの光による劣化について述べる。なお、光による劣化とは、室温程度の環境温度でも光を吸収することにより、元の物質の構成元素が酸素などの他の元素と置換する反応が起こることを指す。

青色LEDチップは「図3.1-1白色LEDパッケージ」において、「LEDチップ」と記載されている部分であり、「図3.1.1-1青色LEDチップの代表的構造」にその内部構造が示されている。このうち透明なサファイア基板(アルミナ単結晶)はもちろんのこと、窒化物半導体(アルミニウム、ガリウム、インジウム、窒素で構成される単結晶)のほとんどの積層構造部分や、透明電極(インジウム、スズ、酸素で構成される化合物)についても、膜厚が薄いことも相乗して、青色光に対する透過率は90％程度以上であり、光を吸収して反応を起こす確率は極めて低い。インジウムが含有されている発光層については青色光を再吸収し、最終的に光エネルギーが熱エネルギーに変わる可能性があるが、光によって直接発光層が劣化する現象は確認されていない。電極パッドは、金などの金属の積層構造であるが、LEDから発せられるエネルギー密度の領域において、青色光に対して電極パッドが劣化するという例は見られていない。

以上まとめると、LED照明ランプや照明器具に搭載されている一般的な青色LEDチップについて、光による劣化はほとんどない。

4.2 樹脂材料の劣化(透過率/反射率の低下)

　どのような種類の光によって樹脂材料の劣化が起こるのであろうか。それを知るために、図4.2-1に光の波長とエネルギーの関係を、また表4.2-1に有機部材を構成する主要な結合の結合解離エネルギーを示す。

　図4.2-1と表4.2-1を見比べれば、ちょうど可視光から紫外光(エネルギーで35～286[kcal/mol])の領域、中でも青から紫外にかけての領域で、主要な結合解離エネルギーが含まれていることがわかる。ただし、照明用LEDパッケージの光源として使われる青色LEDチップの発光スペクトルは、一番エネルギーの大きい短波長側のすそでも400nm程度であり、この光を受けて化学結合の切断が起こるとは考えにくい。

　有機部材中には微量ながらヒドロペルオキシド基やカルボニル基、金属、金属化合物などの官能基や不純物が存在し、それらが光を吸収してフリーラジカルを生成して劣化を開始することが知られている。

　このため、対象とする有機部材が本来その波長域の光を吸収しない組成であっても、この仕組みによって光劣化が引き起こされてしまうと考えられる。

結合解離エネルギー:対象とする化学結合を切断するのに必要なエネルギー。化学結合の強さを表し、値が大きければ大きいほど強い結合であることを意味する。
ヒドロペルオキシド基:ハイドロパーオキサイド。(−O−OH)で表される官能基。
カルボニル基:有機化学における置換基のひとつで、−C(=O)−で表される2価の官能基。
フリーラジカル:対になっていない外殻電子をもつ原子や分子、あるいはイオンのことを指す。単にラジカルまたは遊離基ともいう。反応性が高く、他の原子や分子との間で酸化還元反応を起こして安定な状態になろうとする。

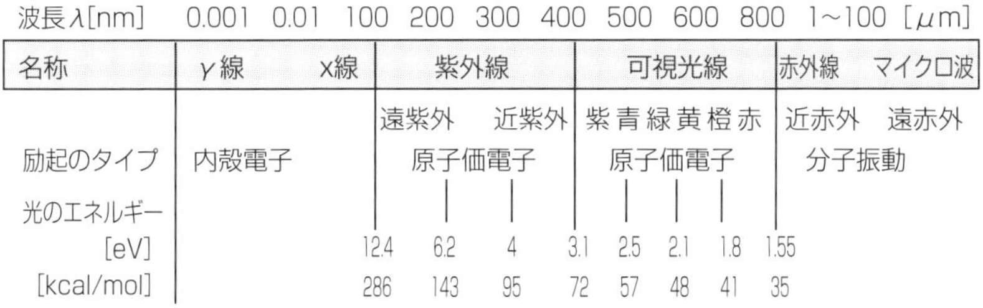

第2部 実務編●第4章 光劣化のメカニズム

波長λ[nm]		0.001 0.01	100	200	300	400	500 600	800	1~100 [μm]
名称		γ線　　　x線		紫外線			可視光線	赤外線	マイクロ波
励起のタイプ	内殻電子		遠紫外　近紫外 原子価電子			紫青緑黄橙赤 原子価電子		近赤外　遠赤外 分子振動	
光のエネルギー [eV]			12.4	6.2	4	3.1 2.5 2.1 1.8	1.55		
[kcal/mol]			286	143	95	72 57 48 41	35		

図4.2-1 光の波長とエネルギーの関係図

表4.2-1 主要な結合解離エネルギー

波長域	結合の種類	結合解離エネルギー [kcal/mol]
紫外	O−H	110.6
	O−H	98.9
	C−C	83.1
	C−Cl	78.5
可視	C−I	57.4
	N−N	38.0
赤外	O−O	33.2

　この光劣化は有機部材中に含まれている酸素によって促進され、さらに実際のLEDパッケージでは光放射とともに必ず発生する熱によってなお一層加速される。劣化によって発生したフリーラジカルは光や熱を受けてさらに次の劣化を引き起こすので、劣化は自動的に進行する(自動酸化)。

　一般に封止樹脂が光劣化を起こすと、図4.2-2のように透過スペクトルが狭くなってくる。これは光劣化によって封止樹脂中に発色団が形成され次第に黄変してくるためである。

発色団:物質の色を発現させるのに関わる原子団のこと。>C=C<、>C=O、>C=N−、>N=N<、−N=O、−NO$_2$など。

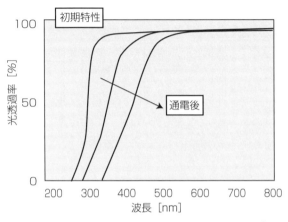

図4.2-2 樹脂の透過スペクトルの劣化

　図4.2-3に示すAとBの二種類の封止樹脂では、より短波長域まで透過スペクトルが延びている樹脂Aの方が樹脂Bよりも光劣化が少ない。これは樹脂Aの方が樹脂Bよりも光吸収が少ないためである。したがって高出力と長寿命が求められる照明用LEDパッケージでは、従来から使用されてきたエポキシ樹脂ではなく、樹脂Aのように短波長側まで透過特性の良いシリコーン樹脂がよく用

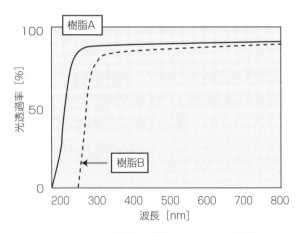

図4.2-3 樹脂の透過スペクトルの比較

いられる。

　LEDパッケージのケースに用いる光反射樹脂の場合も封止樹脂と同じメカニズムで光劣化を起こし反射率が低下すると考えられる。

　一般に光反射樹脂は酸化チタンなどセラミックスのフィラーをポリアミド系などの熱可塑性樹脂に混合したものが用いられ、これを射出成型などの方法によってケースの形状に成型する。

　光反射樹脂にLEDチップからの光が当たると含まれているセラミックスフィラーによって反射されるが、フィラーに当たるまでは光は樹脂中を進行することになるので、この時にケース表面近傍の樹脂が光劣化して黄変着色し、これによって反射率が低下することになる。

　なお、封止樹脂の劣化を防ぐため各種の劣化防止剤が検討されているが、抜本的な対策には至っていないのが現状のようである。

　ケースの劣化を完全に防ぎたい場合は、樹脂ではなくアルミナなどのセラミックスのパッケージが用いられる。

4.3　金属表面の劣化(反射率低下／腐食)

　リードフレームは、LEDチップの光を反射する、LEDチップの電極との間をボンディングワイヤーで配線する、という機能上の必要性から下地金属の上に銀めっきを施したものが一般に使用される。銀は電気的導電性に優れ、柔らかいためワイヤーボンディングもしやすく、また全可視光波長域で反射率が高いという優れた特性を持っている。

　しかしながら、第1部3.5.3でも述べたように、銀は硫黄成分によって容易に硫化して着色し反射率が低下してしまう。主な原因は自動車の排気ガスなどに含まれる微量な硫黄化合物のガスと考えられるが、LEDモジュールや照明器具に用いられるシール用ガスケット(パッキン)などのゴム系部品や梱包用ダンボール、粘着テープの糊から発する硫黄成分による発生事例もある。

　一般に照明用LEDパッケージの封止樹脂にはシリコーン樹脂が用いられるが、シリコーン樹脂はエポキシ樹脂などと違ってガスバリア性(ガスが浸透しない性質)が低いので、シリコーン樹脂で封止してあっても、長期間経てば大気中の硫黄成分をLEDパッケージ内部に透過させてしまい銀めっきフレームの変色は起こる。特に直接外気にさらされる用途では変色は加速されると考えられる。第1部3.5.3で述べたように良い対策はまだ確立していない。

　フレームの腐食で問題になるのはフレームの外部露出部分、特にはんだ付け部の近傍である。はんだ付けのフラックス残渣中の成分と外部から浸透した水分が作用してフレームの腐食が起こることが考えられる。高湿度環境下で使用される場合は、シリコーン樹脂などで防湿コーティングが施される場合もある。

［参考文献］
1) 大澤善次郎:「高分子材料の劣化と安定化-その基礎と応用講座-」予稿集、(株)テクノシステム、(1989)
2) 西田裕文:「白色LED用エポキシ樹脂封止材の特性向上と設計」、セミナー「LED封止樹脂・封止技術と特性向上」予稿集、情報機構、(2006)

LIGHT EMITTING DIODE

●●● 第5章 ●●●
試験方法

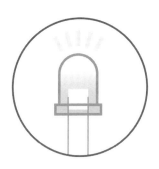

LED照明器具における試験方法として性能試験および環境試験(信頼性試験)がある。各規格については第6章を参照の事。試験を実施する場合は下記内容を確認の事
  (1)供試品数
    各規格書を確認の事。一般的には被試験対象品数の確認が必要。
  (2)性能試験(測定試験)と環境試験(信頼性試験)は異なる。
  (3)環境試験後は環境試験中ある時間毎にまたは環境試験終了後に性能試験を実施する。各個別環境試験規格によるので注意が必要。
  (4)試験終了後の報告書も規格により規定されている。

5.1 温湿度および低温環境試験

電気製品(ここではLED照明器具、LEDパッケージ、モジュール)における輸送、貯蔵および使用のすべての状況で予期される条件で供試品が所有する能力を評価するための性能試験(測定試験)および試験に対する各種の環境条件を規定したものである。その際の環境試験方法は、規格の中から条件を選択する。環境試験規格としてはJIS C 60068が適応される。参考規格としてはJEITA規格のED4701(信頼性試験・半導体デバイスの環境および耐久試験)がある。

5.1.1 低温(耐寒性)試験(参照規格：JIS C 60068-2-1)
(1)試験方法

試験時間中の通電、試験温度、試験時間等は供試品の製品規格を考慮し決定する。

(2)試験温度

-65℃、-55℃、-50℃、-40℃、-33℃、-25℃、-20℃、-10℃、-5℃、+5℃

(3)試験時間

2時間、16時間、72時間、96時間

(4)中間測定

製品規格により中間測定を行う場合は、供試品を測定のために試験槽から取出してはならない。

(5)最終測定

製品規格の規定にしたがって、供試品の外観目視検査および性能試験(電気的試験、光学的試験)を行う。試験温度は室温(25℃)とする。

5.1.2 高温(耐熱性)試験(参照規格：JIS C 60068-2-2)
(1)試験方法

試験時間中の通電、試験温度、試験時間等は供試品の製品規格を考慮し決定する。

(2)試験温度

+1,000℃、+800℃、+630℃、+500℃、+400℃、+315℃、+250℃、
+200℃、+175℃、+155℃、+125℃、+100℃、+85℃、+70℃、+65℃、
+60℃、+55℃、+45℃、+40℃、+35℃、+30℃

(3)試験時間

2時間、16時間、72時間、96時間、168時間、240時間、336時間、1,000時間

(4)中間測定

製品規格により中間測定を行う場合は、供試品を測定のために試験槽から取出してはならない。

(5)最終測定

製品規格の規定にしたがって、供試品の外観目視検査および性能試験(電気的試験、光学的試験)を行う。試験温度は室温(25℃)とする。

5.1.3　高温・高湿定常試験(参照規格：JIS C 60068-2-78)

(1)試験方法

試験時間中の通電、試験温度、試験時間等は供試品の製品規格を考慮し決定する。

(2)試験温度、湿度

30 ± 2℃　93 ± 3%RH ／ 30 ± 2℃　85 ± 3%RH

40 ± 2℃　93 ± 3%RH ／ 40 ± 2℃　85 ± 3%RH

(3)試験時間

12時間、16時間、24時間、2日間、4日間、10日間、21日間または56日間

(4)中間測定

製品規格により中間測定を行う場合は、供試品を測定のために試験槽から取出してはならない。

(5)最終測定

製品規格の規定にしたがって、供試品の外観目視検査および性能試験(電気的

試験、光学的試験)を行う。試験温度は室温(25℃)とする。

5.1.4 温度変化(サイクル)試験(参照規格：JIS C 60068-2-14)

周囲温度の急激な変化に耐える能力を試験する。

(1)試験方法

試験時間中の通電、試験温度、試験時間等は供試品の製品規格を考慮し決定する。

(2)試験温度

製品規格により選択する。

・低温

-65℃、-55℃、-50℃、-40℃、-33℃、-25℃、-20℃、-10℃、-5℃、+5℃

・高温

+1,000℃、+800℃、+630℃、+500℃、+400℃、+315℃、+250℃、+200℃、+175℃、+155℃、+125℃、+100℃、+85℃、+70℃、+65℃、+60℃、+55℃、+45℃、+40℃、+35℃、+30℃

(3)低温および高温のさらし時間

10分間、30分間、1時間、2時間、3時間。製品規格にさらし時間の規定がない場合は3時間とする。

(4)試験サイクル

製品規格に規定がない場合は5サイクルとする。

(5)初期測定

製品規格に基づき、目視によって供試品の外観検査を行い、性能試験(電気的試験、光学的試験)および機械的点検を行う。

(6)最終測定

製品規格に基づき、目視によって供試品の外観検査を行い、性能試験(電気的試験、光学的試験)および機械的点検を行う。試験温度は室温(25℃)とする。

5.2 光の測定方法

　LEDの測光量および光源色に関する量の測定方法について、日本工業規格(JIS規格)が整備され、JIS C 8152 "照明用白色発光ダイオード(LED)の測定方法"がシリーズ規格に改訂された。第1部はLEDパッケージ、第2部はLEDモジュールおよびLEDライトエンジンが適用範囲であり、第3部では光束維持率の測定方法が定められている。また、JIS C 7801 "一般照明用光源の測光方法"は、適用範囲に電球形LEDランプを含むように拡張された。照明器具の配光特性および光束の測定方法は、JIS C 8105-5 "照明器具-第5部:配光測定方法"に規定された。ここではそれらの概要について述べる。

　なお、測定に使用する各機器類は次の条件を満足させる必要がある。

- ・測光に使用する受光器はJIS C 1609-1に規定されている一般形AA級照度計相当以上のものを用いること。
- ・積分球は測定する光源に応じて適用するJIS規格の要求を満足したものを用いること。
- ・配光測定装置はJIS C 8105-5の要求事項を満足したものを用いること。
- ・標準光源の目盛は国家標準とトレーサビリティを保つこと。
- ・光源色測定に使用する分光測色装置はJIS Z 8724の仕様を満足すること。ただし、分光分布を測定する波長範囲は可視波長域とし、この範囲において分光測色器の波長目盛りのずれが±0.3nm以内であること。
- ・分光測色器のスリット波長幅および測定波長間隔はJIS Z 8724に規定されている分光分布測定の実施条件を満足すること。
- ・測定機器はウォーミングアップを充分に行うこと。

　測定方法の概略は以下の通りである。

5.2.1 全光束

電球形LEDランプなどのような比較的小さな光源の全光束は、積分球を使用して、被測定光源と全光束が値付けられた標準光源とを同じ位置で点灯し、その比較によって測定する。シーリングライトなどのような比較的大きな光源の全光束は、配光測定装置を使用して測定した配光特性(絶対値)から求める。また、2014年のJIS C 8152-1/2追補では、発光効率の測定が追加された。

標準光源は、その配光特性が被測定光源の特性に近いものを使用することが望ましい。

積分球を使用する全光束測定の手順としては、同じ位置で点灯した標準光源の受光器出力i_sおよび被測定光源の受光器出力i_tを求め、次の式により、被測定光源の全光束Φ_tを求める。必要に応じて自己吸収補正係数や色補正係数を乗じて補正する。

$$\Phi_t = \alpha \cdot k \cdot \frac{i_t}{i_s} \Phi_s \qquad (式\ 5.2.1\text{-}1)$$

α :自己吸収補正係数(標準LEDと被測定LEDが同じ形状の場合はα=1)
k :色補正係数(標準LEDと被測定LEDが同スペクトルの場合はk=1)

配光特性:光源および照明器具の光度の角度に対する変化または分布。光度の単位は、絶対値の場合、カンデラ(cd)で表し、1000 lm当たりの相対値の場合、カンデラ毎1000ルーメン(cd/1000 lm)で表す。
全光束:光源がすべての方向に放出する光束の総和。単位は、ルーメン(lm)で表す。
自己吸収補正係数:積分球内で全光束を測定する際、標準光源と被測定光源との間で色、形状などの違いにより両者の光の吸収に差がある場合、この差を補正するために乗ずる係数。
色補正係数:相対分光応答度がCIE標準分光視感効率V(λ)に合致していない測光器で、測光器の目盛定めに用いた光と相対分光分布が異なる光を測定するときに、CIE標準分光視感効率によって評価される測光値(すなわち正しい測光値)を得るために、補正する係数。

Φ_t　:被測定LEDの全光束

Φ_s　:標準LEDの全光束

i_t　:被測定LEDの受光器出力

i_s　:標準LEDの受光器出力

全光束の測定に使用される積分球の例を図5.2.1-1に示す。

大塚電子株式会社製
全光束測定用2m積分球
内壁コーティングは、硫酸バリウム
拡散反射率は、95%以上
自己吸収測定用ランプ設置可能
高さ可変サンプルステージ

Instruments Systems社製
全光束測定用　150 mm積分球
内壁コーティングは、硫酸バリウム
拡散反射率は、95%以上
自己吸収測定用ランプ設置可能

図5.2.1-1 積分球の一例

5.2.2　光度

電球形LEDランプなど一般的な光源の光度は、JIS C 7801で定められた光度測定方法を用いる。LEDパッケージなどは一般的な光源と比較して発光面積が小さく狭い配光を持つため、視野条件を考慮したCIE平均化LED光度を使用する。

光度:光源からある方向に向かう単位立体角当たりの光束。単位は、カンデラ(cd)で表す。

CIE平均化LED光度とは、「LEDの先端を頂点として、測光軸を頂点からおろした垂線とする円錐状の光束を、円錐の底面に対応する立体角について平均した光度」のことである。

　測定手順としては、JIS C 8152-1で示されている距離条件と視野条件のもと、同じ位置で点灯した標準LEDの受光器出力i_sおよび被測定LEDの受光器出力i_tを求め、次の式により被測定LEDのCIE平均化LED光度I_tを求める。必要に応じて色補正係数を乗じて補正する。

$$I_t = k \cdot \frac{i_t}{i_s} \cdot I_s \qquad (式5.2.2\text{-}1)$$

　　k :色補正係数(標準LEDと被測定LEDが同じスペクトルの場合は$k = 1$)
　　I_t :被測定LEDのCIE平均化LED光度
　　I_s :標準LEDのCIE平均化LED光度
　　i_t :被測定LEDの受光器出力
　　i_s :標準LEDの受光器出力

　CIE平均化LED光度測定用のアタッチメントの例を図5.2.2-1に示す。これは、図5.2.4-1の分光測光器と組合わせて使用する。

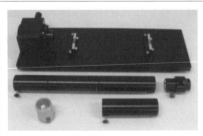

大塚電子株式会社製
受光部は、直径6cm積分球
測定筒は、内乱光防止加工
サンプル調整ジグ

Instruments Systems社製
直径25mm積分球
測定筒は内乱光防止加工

図5.2.2-1 CIE平均化LED光度測定アタッチメントの一例

5.2.3 配光特性

光源の配光特性は、JIS C 8105-5で定められた配光特性の測定方法を用いる。配光特性の測定は、光源を中心に全方向に放射される光度の角度分布を測定するため2軸のゴニオメータを使用する。装置の校正には、光度もしくは全光束の値付けられた標準光源を用いる。

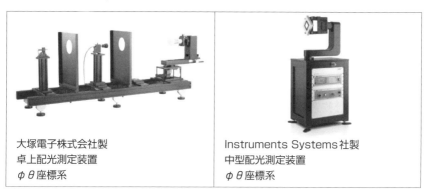

大塚電子株式会社製
卓上配光測定装置
φθ座標系

Instruments Systems社製
中型配光測定装置
φθ座標系

図5.2.3-1 配光測定装置の一例

5.2.4 光源色

光源色は、分光分布が値付けられた測色用標準電球を用いた分光測色法により測定する。電球形LEDランプでは、光電色彩計を使った刺激値直読方法により測定することもできる(JIS C 7801　附属書C)。

光源色は「色度座標」「相関色温度」「演色評価数」で表現し、これらの値はLEDの分光分布を用いて求める。「色度座標」、「相関色温度」は刺激値直読法も利用できる。

一般に、光源色測定の入射光学系は全光束測定の光学系が用いられるが、光

色度座標: 三刺激値の各々の、それらの和に対する比。
相関色温度: 特定の測定条件の下で、明るさを等しくして比較したときに、与えられた刺激に対して知覚色が最も近似する黒体の温度。
演色評価数: 試料光源で照明したある物体の色刺激値(心理物理色)が、その色順応状態を適切に考慮した上で、基準の光で照明した同じ物体の心理物理色と一致する割合を示す数値。

度、配光特性測定の光学系と共用してもよい。

　また、パルス駆動などによりLEDの発光波形が周期的に変化する場合には、分光測定器における光電出力の積分時間を考慮し、分光測定器出力の再現性を確保する。

　測定の手順としては、測色用標準電球を点灯したときの分光測色器出力 $i_s(\lambda)$ および被測定LEDを点灯したときの分光測色器出力 $i_t(\lambda)$ を求め、次の式により被測定LEDの分光分布を求める。

$$P_t(\lambda) = \frac{i_t(\lambda)}{i_s(\lambda)} \cdot P_s(\lambda) \qquad (式 5.2.4\text{-}1)$$

$P_t(\lambda)$　　：被測定LEDの分光分布
$P_s(\lambda)$　　：標準電球の分光分布
$i_t(\lambda)$　　：被測定LEDの分光測色器出力
$i_s(\lambda)$　　：標準電球の分光測色器出力
λ　　　：測定波長

　以上により求めた $P_t(\lambda)$ を用いて、CIE1931色度図(xy色度座標)はJIS Z 8724の計算式、相関色温度はJIS Z 8725の計算式、演色評価数はJIS Z 8726の計算式を用いて算出する。

　分光測光器の一例を、図5.2.4-1に示す。この装置は、光ファイバーとアレー状受光チップを用いており、数ミリ秒で分光分布を得ることができる。

　さらに、積分球と分光測定器、電源システムが一体化された多機能な測定器も市販されている。

　図5.2.4-2に示すLEDテスターは、照明、車載などハイパワーLED専用装置で、研究機関と量産現場の両方で使用されており、8インチ積分球を使用し、全光束を手動測定するものである。

大塚電子株式会社製
MCPDシリーズ
波長範囲 220〜1100nm(機種による)
瞬間マルチ測光システム(ポリクロメーター)
アタッチメントの交換で、照度、輝度、全光束などが測定可能

Instruments Systems社製
CASシリーズ
200〜1100nm(機種による)

図5.2.4-1 分光測光器の一例

積分球の隣には光度測定用の筒が設置されており、「V(λ)センサー法」(JIS C 8152-1)に準拠している。

この装置は、熱抵抗や電気特性も測定することができる。

熱抵抗はΔ Vf法(EIA/JEDEC:JESD51)を使用しており、LED特性測定には大電流、微小電流、DC/PULSE印加などが可能となっている。

図5.2.4-3はLEDエージング装置で、恒温槽と組み合わせてエージングを行うことができる。

エージング:特性を安定させるために特定の条件で初期点灯すること。

図5.2.4-2 LEDテスターの一例
(株式会社テクノローグ)

LEDテスター概略仕様
形式　　　　　　　　LX4670 E
　　　　　　　　　　(ハイパワーLEDテスター)
測定対象物　　　　　LEDおよびLEDモジュールの
　　　　　　　　　　自動生産および評価
測定仕様　　　　　　電気特性および光学特性
　電気的測定仕様　　Max.25V／3A、Max.50V
　　　　　　　　　　／1.5A
　　　　　　　　　　Max.200V／8Aモデルあり
　光学的測定仕様　　光束、色度座標、他
機能　被測定物の保護　電圧リミッター、電流リミッター
　　　分類組み合わせ　Max.512分類
　　　自動機接続　　ウエハープローバ、ハンドラー、
　　　　　　　　　　治具台等
オプション　　　　　多ピン用スキャナー、波長計、
　　　　　　　　　　熱抵抗測定機能、静電気(ESD)
　　　　　　　　　　試験、測定用治具等

図5.2.4-3 LEDエージング装置の一例
(株式会社テクノローグ)

LEDエージング装置(エージング装置コントローラ)概略仕様
形式　　　　　　　　LX6136A
　　　　　　　　　　(エージング装置用コントローラ)
エージング電源　　　定電流印加　500mA(Max.)
　　　　　　　　　　又は2000mA(Max.)
　　　　　　　　　　最大電圧　　30V
エージング電源数　　80ケ(500mA)、32ケ
　　　　　　　　　　(2000mA)
エージング時間(設定)　Max.99,999時間
機能　モニター　　　電圧(VF)、電流
　　　制御　　　　　異常(モニター結果)停止処理付
エージング用恒温槽　仕様打合せによる

［参考文献］
1)森一郎:「促進耐候性試験の現状」、ラドテック研究会年報、No.18
2)CIE Publication 85:SOLAR SPECTRAL IRRADIANCE(1989)
3)岩崎電気株式会社ホームページ:＜http://www.iwasaki.co.jp＞
4)社団法人電子情報技術産業協議会:(EIAJ ED-4701/100)半導体デバイスの環境および耐久性試験方法(寿命試験Ⅰ)
5)日本試験工業会:恒温恒湿槽－性能試験方法および性能表示方法(JTM K01:1998)

5.3 機械的強度試験

5.3.1 振動／衝撃／落下試験

① 振動試験

　振動試験は、部品および製品が製造、輸送または使用中に振動にさらされることがあり、この部品および製品の性能、信頼性等の品質を評価する試験方法である。

　JIS C 60721-3規格群では様々な振動環境を、定常振動条件および過度振動条件の特徴ごとに分類している。

　JIS C 60068-2規格群の振動試験には、定常振動または過度振動試験があり、定常振動の試験方法はJIS C 60068-2-6正弦波振動試験方法、JIS C 60068-2-64広帯域ランダム振動試験方法および指針、JIS C 60068-2-80混合モード試験方法に規定されている。

　また、これらの試験方法を選択する指針についてJIS C 60068-3-8振動試験方法の選択の指針に規定されている。

② 衝撃試験

　衝撃試験は、部品および製品の輸送、保管、荷扱い中または使用中に機械的な弱点、性能の劣化を評価する試験方法である。

　試験方法については、JIS C 60068-2-27　衝撃試験方法にて、比較的頻度が少なく繰り返しが無い衝撃または繰り返しの多い衝撃を受ける部品、機器製品の試験方法について規定されている。試験としては衝撃台または固定器具に試験品を固定して衝撃を加える試験となる。

③ 落下試験

　落下試験は、輸送、保管、荷扱い中に粗雑な取り扱いで発生する様な打撃、急激な動揺および落下によって製品が受ける影響を評価する試験である。

　試験方法については、JIS C 60068-2-31落下試験および点灯試験方法にて規

定され、落下および転倒試験(機器を作業台で取扱い中に発生するような打撃を評価する試験)、自然落下試験(取扱い中に発生するような落下衝撃の評価およびその繰り返しの評価試験)がある。

5.3.2 はんだ耐熱試験

　はんだ耐熱試験は、電子部品が、はんだ付けの実装時に熱的なストレスを受ける恐れがあり、電子部品が熱ストレスを受けたときに不良が生じないか評価する試験である。

　試験方法についてはJIS C 60068-2-58 表面実装部品(SMD)のはんだ付け性、電極の耐はんだ食われ性およびはんだ耐熱性試験方法に規定され、主に基板に搭載される表面実装(SMD)タイプに適用される。

5.4 電気試験

5.4.1 絶縁耐圧試験

　電気製品の絶縁性の確保のためには適切な絶縁物の介在または絶縁距離を確保する必要がある。それを確認するための電気試験には、絶縁抵抗試験、絶縁耐圧試験、漏えい電流試験などがある。絶縁耐圧試験は、部品や製品の形式試験や製造工程検査で行われる最も重要な試験であり、絶縁耐力試験、耐電圧試験やハイポットテストとも呼ばれる。

　絶縁耐圧試験は、絶縁部分が、機器内で発生する異常電圧や配電線を介した異常電圧に十分耐えるか確認するため、従来から定格電圧の2倍の電圧に1,000Vを加えた値を1分間加える方法が一般的に用いられている。具体的な試験電圧やその加え方、判定方法は規格によって異なるので、適用する規格を確認する。

　電気用品安全法技術基準の解釈別表第八では、図5.4.1-1のように充電部と器体の表面との間に、定格電圧が100Vのものは1,000V、200Vのものは1,500Vの50Hzまたは60Hzの交流電圧を加えたとき、1分間耐えることとしている。器体ケースが絶縁物製の場合、ケースを金属はくで覆い、これを器体の表面とする。また、二重絶縁構造(□を表示)のものにあっては、基礎絶縁、付加絶縁および強化絶縁ごとに試験電圧を加える必要がある。

　同解釈別表第十二から引用するJIS C 8105-1(照明器具)では、基礎絶縁部分については、2U+1,000V(Uは定格電圧)の50Hzまたは60Hzの正弦波の電圧を1分間加えたとき、フラッシュオーバーまたは絶縁破壊が生じてはならないとしている。この場合、最初は規定電圧の半分以下の電圧を加え、その後規定電圧まで徐々に上げ、規定電圧に達した後1分間維持する方法による。また、JIS C 8147-1(ランプ制御装置)やJIS C 8156(一般照明用電球形LEDランプ)も、JIS C 8105-1とほぼ同様の規定となっている。

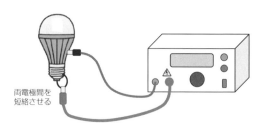

図5.4.1-1 絶縁耐圧試験の例

耐電圧試験器
形　　式　　TOS5000Aシリーズ
出力電圧　　AC/DC 0〜2.5kV/0〜5kV
最大定格出力　500VA/5kV・100mA
出力電圧計　アナログ JIS2.5級
　　　　　　デジタル 確度±1.5%f.s

図5.4.1-2 絶縁耐圧試験器の一例(菊水電子工業株式会社)

　絶縁耐圧試験器は、電気用品安全法では、変圧器、電圧調整器および電圧計(精度が1.5級以上のもの)を備え、2次電圧が容易かつ円滑に調整できるものとしている。その他具体的仕様は規定されていないが、変圧器の容量が500VA以上、出力端子短絡時の出力電流が100mA以上(JIS C 8105-1およびJIS C 8147-1では200mA以上と規定)のものが適当である。遮断電流は、形式試験では絶縁破壊が生じないことの確認のため1,000Vで10mA以上、製造工程検査では製造不良等の確認を考慮し低電流にするなど、目的に応じて設定するとよい。絶縁耐圧試験器の例を図5.4.1-2に示す。

5.5 EMC(電磁両立性)試験

　EMC試験とは、製品の電磁両立性、すなわち、外来の電磁的妨害によっても製品の性能が低下せず(これを「EMS」という)、他の機器に対しても電磁的妨害を与えない(これを「EMI」という)特性を評価する試験であるが、これらを総称して「EMC試験」ということが多い。

5.5.1　EMS(イミュニティ)試験

　EMSとは、"Electromagnetic susceptibility"の略号であり、外来の電磁妨害に対する感受性を意味する用語であるが、EMC試験においては、同じ特性を「イミュニティ」または「妨害耐性」ということが多い。ここでは、「イミュニティ試験」と呼ぶことにする。一般的な照明目的の機器のイミュニティ要件に関する国際規格IEC 61547に規定されている主なイミュニティ試験には次のようなものがある。

(1)静電気放電イミュニティ試験

　人体に帯電した静電気の放電によって発生する電磁波により製品が誤動作しないかどうかを確認する。図5.5.1-1のような装置により静電気を発生させ、ランプの明るさの変化などの異常が起こればそれを記録する。試験規格は、国際規格としてIEC 61000-4-2があるが、国内ではこれに準拠したJIS C 61000-4-2がある。

(2)放射無線周波数電磁界イミュニティ試験

　無線周波数の電磁界を製品に照射して製品が誤動作しないかどうかを確認する。図5.5.1-2のように、電波無反射室内でアンテナから電磁界を製品に照射し、ランプの明るさの変化などの異常が起こればそれを記録する。試験規格は、国際規格としてIEC 61000-4-3があるが、国内ではこれに準拠したJIS C 61000-4-3がある。

図5.5.1-1 静電気放電イミュニティ試験　　図5.5.1-2 放射無線周波数電磁界イミュニティ試験

(3)電源周波数磁界イミュニティ試験

電源周波数(50Hz又は60Hz)の磁界を製品に照射して製品が誤動作しないかどうかを確認する。試験規格は、国際規格としてIEC 61000-4-8があるが、国内ではこれに準拠したJIS C 61000-4-8がある。

(4)高速トランジェント イミュニティ試験

製品に接続された導線上の電気接点の開閉などによって発生する電気的な過渡現象を模擬したバースト波(電気的ファーストトランジェント/バースト)を印加することにより、製品が誤動作しないかどうかを確認する。試験規格は、国際規格としてIEC 61000-4-4があるが、国内ではこれに準拠したJIS C 61000-4-4がある。

(5)(無線周波数コモンモード)電流注入イミュニティ試験

無線周波数のコモンモード電流を製品に注入して製品が誤動作しないかどうかを確認する。試験規格は、国際規格としてIEC 61000-4-6があるが、国内ではこれに準拠したJIS C 61000-4-6がある。

(6)(雷)サージイミュニティ試験

誘導雷、または大きな設備の開閉器の開閉を模擬したサージ波を印加することにより、製品が誤動作しないかどうかを確認する。試験規格は、国際規格としてIEC 61000-4-5があるが、国内ではこれに準拠したJIS C 61000-4-5がある。

(7)電圧変動・瞬断イミュニティ試験

電源電圧を試験規格に規定された条件で変化させる試験により、製品が誤動作しないかどうかを確認する。試験規格は、国際規格としてIEC 61000-4-11があるが、国内ではこれに準拠したJIS C 61000-4-11がある。

5.5.2　EMI(エミッション)試験

EMIとは"Electromagnetic interference"の略号であり、他の機器に与える電磁的妨害を意味する用語であるが、EMC試験では、エミッション試験ということがある。

主なエミッション試験には次のようなものがある。

(1)高調波電流発生制限値評価試験

製品の電源回路に起因する電源周波数の高調波電流の大きさが制限値以下であるかどうかを試験する。試験規格は、国際規格としてIEC 61000-3-2があるが、国内ではこれに準拠したJIS C 61000-3-2がある。

(2)電磁妨害波評価試験

製品から放出される伝導性および放射性の電磁妨害波の大きさが許容値を満たしているかどうかを試験する。国内では電気用品安全法によりこの試験が義務付けられている。この試験には次のような測定が含まれる。

(A)電気用品安全法の技術上の基準を定める省令の解釈別表第十による試験
　　電気用品安全法では電磁妨害波を「雑音」と称している。
　①　雑音端子電圧測定(電源端子)
　　　電源線を接続する端子に図5.5.2-1、図5.5.2-2のような擬似電源回路網を接続し、測定用端子の妨害波電圧を妨害波測定器で測定する。
　②　電源線以外の導線を接続する端子においては図5.5.2-3、図5.5.2-4のようなハイインピーダンスプローブを用いて妨害波電圧を測定する。

図5.5.2-1 擬似電源回路網の例

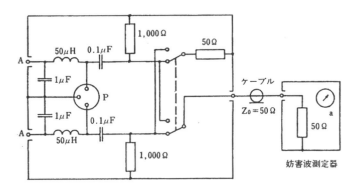

図5.5.2-2 擬似電源回路網の回路

図5.5.2-3 ハイインピーダンスプローブの例

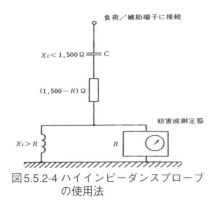

図5.5.2-4 ハイインピーダンスプローブの使用法

図5.5.2-5 吸収クランプの例

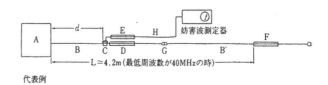

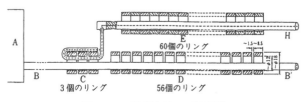

図5.5.2-6 吸収クランプの構造

③ 雑音電力測定

図5.5.2-5、図5.5.2-6のような吸収クランプを用いて電源線上の妨害波電力を測定する。

(B)国際規格CISPR15による試験

国際規格では上記①の他に、次のような測定を行う。②、③の測定は行わない。照明の制御のための端子にはISNを用いて電圧測定を行う。

ISN: Impedance Stabilization Network(インピーダンス安定化回路網)の略号で、照明機器のデジタル制御端子等の妨害波電圧の測定に使用される。

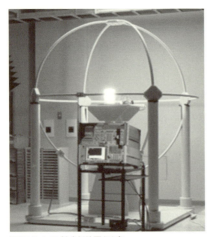
図5.5.2-7 放射磁界測定

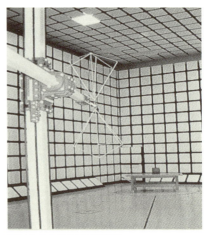
図5.5.2-8 放射電界測定

④ 放射磁界測定(9kHz～30MHz)

図5.5.2-7のようなラージループアンテナ(直径2mの3軸ループアンテナ)を用い、製品から発生する磁界の評価として、ループアンテナに誘起する電流を測定する。

⑤ 放射電界測定(30MHz～300MHz)

図5.5.2-8のように、製品から発生する妨害波の電界をアンテナで測定する。この測定の代わりに、CDNを用いて妨害波電圧を測定する方法も規定されている。

CDN: Coupling Decoupling Network(結合・減結合回路網)の略号で、30MHz～300MHzの放射電界測定のために、アンテナを使用する電界測定法とは独立した代替測定法として使用される。CISPR15の改訂版では、CDNの特性を改善したCDNE(Coupling Decoupling Network Emission)に変更される。

5.6 屋外環境(耐候性)試験

　耐候性などの環境影響に対する評価は、近年対象となる材料の技術進歩に伴い、屋外暴露試験などでも長期間にわたり試験を行う必要性が生じてきた。これらを迅速に行うため、促進耐候性試験が行われるようになった。促進耐候性試験機は、製品(材料)の劣化要因とされる光、熱、水(結露)、オゾン、SO_X、NO_X等の活性ガス、塵埃などのうち、紫外放射、熱、水を過剰に与えることにより、屋外暴露試験に比べ数倍から100倍といった促進倍率で、試料の耐候性評価を行えるものである。この試験機に使用される光源は様々であり、また以下に記述するように、それぞれ特徴があるので、評価目的にあった試験機を選択する必要がある。

5.6.1　サンシャインカーボンアーク式耐候性試験機

　カーボン電極にアーク(交流電圧50V、交流電流60A)を発生させ得られる紫外放射で耐候性を評価する試験機である。回転式のホルダーに試料を設置し紫外光を照射する。試料温度の制御はヒーターによって暖められた空気を槽内へ送ることにより行われる。促進倍率はサンプルにもよるが屋外暴露に比べ数倍から10数倍程度である。この試験機に使用されている光源と太陽光[2]との分光分布比較を図5.6.1-1に示す。

　この試験機は、JIS B 7753 "サンシャインカーボンアーク灯式耐光性および耐候性試験機"で規定されており、国内で標準的なものであったため、データの蓄積は豊富であるが、昨今の企業活動の国際化、JISのISO整合化などの流れでキセノンランプ式耐候性試験に規格が移りつつある。例えばJIS K 5600 "塗料一般試験方法"では、規格から削除されている。

促進耐候性試験:通常の自然環境より、紫外放射、熱、水などを過剰に与えることで屋外暴露試験より短時間で試験品の劣化状態を調べることができる試験。

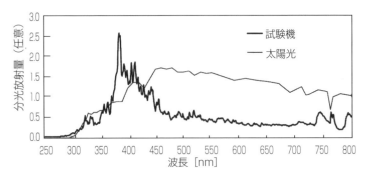

図5.6.1-1 サンシャインカーボンアーク式耐候性試験機

5.6.2 キセノンランプ式耐候性試験機

　キセノンガスを封入した放電灯(キセノンランプ)を光源に持つ試験機であり、促進耐候性試験機の中では太陽光の分光分布に最も近似している。このため、ISO、ASTM、JISなどに多くの試験方法が規格化されている。

　この試験機は、ヨーロッパで多く使われており、また、国内でもJIS B 7754 "キセノンアークランプ式耐光性および耐候性試験機"で規定され、サンシャインカーボンアーク式耐候性試験機からの乗り換えを含め使用が増加している。促進性は、光に加え熱、水(結露)により得られ、その倍率は、屋外暴露に比べ数倍から10数倍程度である。ランプの冷却方式は、水冷式、空冷式の2種類があり、また、幅広く定格ランプがある装置である。一例として太陽光[2]と紫外放射照度が同レベルである水冷式装置の分光分布を図5.6.2-1に示す。

　温度制御はブラックパネル温度(BPT)もしくはブラックスタンダード温度(BST)を用いて行う。

　この値は、実際の試料温度と異なるので注意が必要である。白系の試料は制御温度より低くなり、結果として白色の試料が黒色の試料より試験結果が良くなる場合がある。これはどの耐候性試験機でも同様である。またBPTとBST

BPT,BST:温度制御モニタのために試料ホルダに取付けた黒色金属板の表面温度。

の温度の違いにも注意する必要がある。

　湿度は、試験槽内の光が遮断されている部分の相対湿度を測定している。このため、例えば、ある試験機では、紫外放射照度180W/m^2、BPT 63℃のときの槽内温度は約30℃であり、この場合、30℃に対する相対湿度となるため、試料は実際よりかなり低い湿度で試験が行われていることになる。

　キセノンランプ式耐候性試験機は後述するメタルハライドランプ式耐候性試験機に比べ比較的同じような仕様で装置が作られているが、試験機メーカー間での評価結果の差異は現実として存在するため、注意が必要である。参考として、キセノンランプ式耐候性試験機の一例を図5.6.2-2に示す。

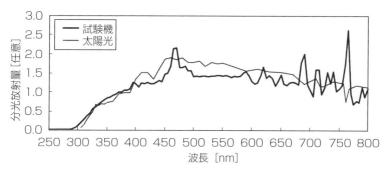

図5.6.2-1 キセノンランプ式耐候性試験機の分光分布(一例)

形式　　　　XER-W75
放射照度　　48〜200W/m^2(300-400nm)
温度制御　　BPTまたはBST
サイクル　　照射＋照射中水噴霧など
水、湿度　　結露、水噴霧
有効照射面積　10920cm^2
外形寸法　　幅1300×奥行1500×高さ1850mm

図5.6.2-2 キセノンランプ式耐候性試験機の一例(岩崎電気株式会社)[3]

5.6.3 メタルハライドランプ式耐候性試験機

　光源にメタルハライドランプを用いることにより、太陽光の約20～30倍の紫外量を照射できるため、他の試験機に比べ圧倒的に早い促進性が得られ、促進倍率は約100倍程度とされている。光源の分光分布は、ランプに封入する金属や透過フィルタの材質の違いにより、試験機の製造メーカーによって異なる。一例としてランプとフィルタを組合わせた光源の分光分布を図5.6.3-1に示す。

　ランプは、定格電力4kWから6kWクラスのものが多く使われている。また、当初はフェードタイプ(光照射だけで劣化を促進させるタイプ)のみであったが、相関性向上のためシャワーや湿度管理、サイクル運転ができるようになっている。試料室は、回転式タイプもあるが、多くは固定式となっており、有効面積内の放射照度、温度の均整度が試験の精度に大きく影響する。

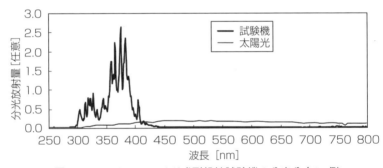

図5.6.3-1 メタルハライド式耐候性試験機の分光分布(一例)

　装置の規格としては、日本試験機工業会規格JTM G01:2000 "メタルハライドランプ方式試験機"があるが、材料などの試験規格は、公的なものが現在無い。また、紫外放射照度値は、耐候性試験にとって最も重要なパラメータであるが、この測定系が試験機メーカーにより異なっており、さらに、結露モード、

メタルハライドランプ:光の大部分が、金属蒸気およびハロゲン化物の解離生成物の混合物から発生する高輝度放電ランプ。

シャワーなどの方法にも違いがあるため、試験機間での相関が取りづらい。しかし、促進性が高い特徴から開発品のふるい分けによく利用され、成分の配合比を変えての比較や現行品・新規開発品の比較などでは有効である。参考として、メタルハライドランプ式耐候性試験機の一例を図5.6.3-2に示す。

形式　　　　SUV-W151
放射照度　　1000W/m²(300-400nm)
温度制御　　BPT
サイクル　　照射＋結露など
水、湿度　　結露、水噴霧
有効照射面積　190×422mm
外形寸法　　幅1400×奥行1200×高さ1800mm

図5.6.3-2 メタルハライドランプ式耐候性試験機の一例(岩崎電気株式会社)[3]

5.6.4　紫外線蛍光ランプ式耐候性試験機

　紫外線蛍光ランプは一般の蛍光灯と同じ原理で点灯するもので、蛍光体とガラスの種類を変えることにより、種々の分光分布に対応している。JIS K 5600-7-8 "塗料一般試験方法－第7部:塗膜の長期耐久性－第8節:促進耐候性(紫外線蛍光ランプ法)" では、ピーク波長が313nmのタイプ1-UVB(313)、同じく340nmのタイプ2-UVA(340)、および351nmのタイプ3-UVA(351)が規定されている。

5.6.5　屋外集光式促進暴露試験機

　実際の太陽光を利用した試験機で、10枚の平面鏡で受けた太陽光を試料に集光することにより屋外暴露よりも多くの紫外光を照射できる装置である。フロリダ5年分の紫外量が1年で照射できるとされている。

5.6.6 外部光による劣化の試験例

LEDの光による劣化は、LEDを覆う樹脂が光を吸収し黄変、白濁化、また光が照射された表面近傍の微小クラックの発生等により、樹脂の光透過率が低下するため、明るさが減少していく。この光は外部から入射する光とLEDチップから発光する光に分けられるが、主に外部からの紫外放射により劣化が促進していくものと考えられている。しかし、LEDチップ自身の光強度、特に青色などの短波長側発光によっても劣化していくとの報告もある。

表5.6.6-1および図5.6.6-1に促進耐候性試験の条件およびその結果の一例をあげる。

なお、青色LEDの光度が大きく低下しているが、LEDを連続点灯しているため、LEDチップの放射光よるものかLEDチップ温度によるものかは判別できない。

表5.6.6-1 促進耐候性試験結果(一例)

LED (樹脂:エポキシ)	400時間後の光度比率 (実使用4万時間相当)	試験条件 (メタルハライドランプ式)	
赤　633～660nm	60～75%	試験サイクル	連続照射
緑　521～561nm	53～89%	ブラックパネル温度 UV照度 照射距離	63℃ 100mW/cm^2 240mm
青　459nm	45%	シャワー	10秒/時間

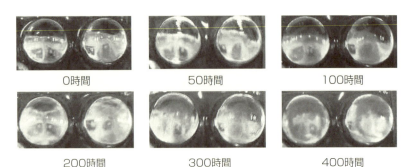

0時間　　　　　　　50時間　　　　　　　100時間

200時間　　　　　　300時間　　　　　　400時間

図5.6.6-1 促進耐候性試験結果(一例)

5.6.7 まとめ

促進耐候性試験は、その試料についての試験規格があれば、その規格により試験を実施すればよいが、LEDに使用されているエポキシ樹脂やシリコーン樹脂は合致した規格がなく、またそれに関する公開情報も少ない。また、試験機の種類、メンテナンス状態、光・熱・水以外の要因(NO_X、SO_X、オゾン、酸性雨等)により、実際の屋外暴露とでは結果が異なるなどの問題点もある。しかし、開発のスピードアップが求められる現在において促進試験は必要不可欠なものであるため、この試験に関するデータの蓄積は今後重要となる。

なお、これらの試験を実施したい場合は、(財)日本ウェザリングテストセンター、各都道府県の工業技術センターなどで依頼試験サービスを受けることができる。

5.7 その他の環境試験

5.7.1 塩水噴霧試験

　金属材料およびめっき皮膜・塗装皮膜を施した部品・製品の耐食性を評価する方法の一つで、機器の信頼性面から重要な評価項目となっている。一般的な腐食試験で従来から多くの業界で採用されている。

　塩水噴霧試験は、一定の温度(35℃)に保たれた試験機槽内に試験品を設置し、5％の塩化ナトリウム溶液を均等に噴霧して耐食性を評価する試験方法である。

　同じような試験方法にキャス(CASS)試験があり、塩水噴霧試験との違いは、試験機槽内の温度が50℃になるのと、噴霧溶液が5％の塩化ナトリウムに酸化第二銅と酢酸を加えた酸性塩水に変わる点で、試験方法は同じである。

　試験条件としては、塩水噴霧試験よりキャス試験の方が厳しい条件といえる。

①塩水噴霧試験機

　塩水噴霧試験に必要な装置は、噴霧装置、試験用塩溶液貯槽、試験片保持器、噴霧液採取容器、温度調節装置などを備えた噴霧室、塩水補給タンク、圧縮空気の供給器、空気飽和器、排気装置などで構成される。具体的には温度コントロールされた試験槽の中に試験片をセットし、塩水を噴霧ノズルにより霧状にし、試料表面に降らせる方法で、一定時間後試料を取り出し、表面の状態を観察することにより処理材料や処理技術等の評価を行う。(図5.7.1-1　塩水噴霧試験機模式図)

②噴霧溶液の種類

　塩水噴霧試験に使用する塩水は3種類あり、それぞれ塩濃度とpHが規定されている。(表5.7.1-1参照)各試験方法とも50±5g/Lの塩化ナトリウム溶液が基本となり、中性塩水噴霧試験は塩酸、水酸化ナトリウムを使用し、試験中噴霧溶液がpH6.5～7.2になるよう調整する。

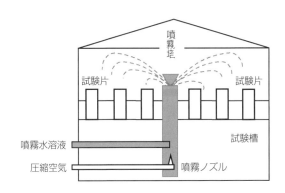

図5.7.1-1 塩水噴霧試験機模式図

表5.7.1-1 塩水噴霧試験方法

試験方法	試験槽温度	噴霧溶液塩濃度	試験中噴霧溶液pH
中性 塩水噴霧試験	35±2℃	50±5g/L	6.5〜7.2
酢酸酸性 塩水噴霧試験	35±2℃	50±5g/L	3.1〜3.3
キャス試験	50±2℃	50±5g/L	3.1〜3.3

　酢酸酸性塩水噴霧試験は塩化ナトリウム溶液に酢酸を添加し試験中噴霧溶液がpH3.1〜3.3になるよう調整する。

　キャス試験は塩化ナトリウム溶液に塩化第二銅0.26g/Lを加え酢酸を添加し試験中噴霧溶液がpH3.1〜3.3になるよう調整する。

　他に、塩化ナトリウム溶液に硝酸、硫酸を添加する人口酸性雨試験もある。

　一度使用した試験槽は他の試験方法(噴霧溶液)で再利用する場合は装置内の洗浄、溶液の入れ替えをしても前の溶液の影響が残ってしまうため、十分慣らし運転をした後(最低24時間)に噴霧中の採取溶液のpHが所定値内であることを確認しなければならない。

③試験時間

　試験時間は最長で何時間試験を実施するのかを決める。試験を外部機関へ委託する場合などは、予算の範囲で十分な成果が得られるよう計画する必要がある。

　JIS C 0023環境試験方法(電気・電子)塩水噴霧試験方法では「16,24,48,96,168,336および672時間をいずれか一つを規定する」とあり、JIS H 8502めっきの耐食性試験方法では、試験実施時間は連続塩水噴霧試験で「8,16,24,48,96,240,480および720時間を推奨する」とされている。

　材料または製品の該当するJISがある場合は定める試験方法、試験時間に従い試験を実施することが望ましい。

5.7.2　防水/防塵性能試験

　器具外郭の防水や防塵の程度を人体、異物、埃や水の侵入に対して保護されている度合をJIS C 0920電気機械器具の外郭による保護等級試験(IPコード)で規定されている。詳細は第1部1.1.6章参照のこと。

5.8　生体安全性試験

5.8.1　光の生体安全性と重要性

　人体が光の照射を受け、光を吸収すると、その光のエネルギーにより、いろいろな作用を生じる[1]〜[3]。これらの作用の中には、人体にとって有益な作用もあるが、光生物的傷害や障害を及ぼす場合もある。人間が光環境で生活したり、光エネルギーを利用したりする場合、人体への安全性(生体安全性)を確保するという視点から考えると、これらの傷害的作用や障害的諸作用に対する理解が重要となる。したがって、光の傷害的作用や障害的作用についても十分注意を払い、必要があれば適切な生体安全性確保のための諸施策を進めることが重要となってくる[4]。

　このような状況に対応するために、光源からの光の生体安全性に関する国際規格の制定が検討され、まず最初に光源の中でも生体安全性のリスクが大きいと考えられたレーザーについて、国際規格や基準を制定するための国際組織であるIEC(国際電気標準会議)の専門委員会: IEC TC 76:Optical radiation safety & laser equipment［光放射安全とレーザー機器)］により、リスクの評価方法やリスクグループ区分の議論が進められ、国際規格: IEC 60825-1が制定された[5]。

　その後、一般照明用光源の生産量が増加し光環境での普及が進むと、レーザーのような特定用途の光機器用光源だけでなく、LEDを含む光環境用光源(一般照明用光源)についても、光の生体安全性リスクの問題が重要となり、IEC専門委員会:IEC TC 34:Lamps and related equipment［光源］およびCIE(国際照明委員会)において、LEDを含む一般照明用光源の生体安全性リスクの評価方法やリスクグループ区分規格化の議論が進められ、IEC／CIE規格:CIE S 009/E(＝IEC 62471-1)が制定された[6][7]。この規格は適用範囲にLED光源を含んでいる。以下に、このCIE S 009/E(＝IEC 62471-1)を基本として、光の生体安全性リスク評価のための試験方法やリスクグループ区分などについて述べる。

5.8.2 光の生体安全性リスク評価のための国際規格(IEC／CIE規格)の概要[8]
(1)生体安全性リスクの対象となる傷害・障害の種類

　光の生体安全性リスク評価を定量的に行うためには、先ず、対象となる光の傷害的(または障害的)諸作用についてまとめておく必要がある。リスク評価のための最初の重要点は、前項で述べた諸作用(傷害や障害)について、発症の機構、作用波長(作用スペクトル)や、発症の閾値などが定量的に明らかになっていることである。現時点において、発症しているか、または発症する可能性のある光の傷害的(または障害的)諸作用について、これらの要素が全て明確になっているわけではない。

　前項で述べたレーザーの生体安全性リスク評価規格:IEC 60825-1[9]には、規格書の附属書D:生物物理的考察(参考)(Annex D : Biophysical considerations(Informative))において、この規格が対象としている光生物的作用が、表D.1:光に対する過度の露光に伴う(人体への)病理学的作用(Pathological effects associated with excessive exposure to light)としてまとめられている。この表D.1はレーザーの関連規格書であるが、一般照明用光源にも充分適用できるので、ここに引用・掲載しておくこととする(表5.8.2-1)。ただし、一般照明用光源をも対象とするに当り、若干の追加改変が必要であると考えられる。表5.8.2-1には、IEC 60825-1の表 D.1 の内容に、若干の追加・改変を加え、光による生体安全性リスク評価の対象となる諸作用をまとめた。

(2)IEC／CIE規格(生体安全性リスク評価規格)の対象になっている傷害の種類

　IEC／CIE規格(IEC 62471-1／CIE S 009/E)においては、光放射による人体への生体的傷害の中で、現在までに生理的・病理的に研究が進んでいて、傷害発生の機構や発症の閾値、作用スペクトルなどがある程度明らかになっている8種類の傷害を対象とすることとしている。表5.8.2-2に、これら8種類の傷害についてまとめたものを示す。なお、同国際規格はJIS C 7550としてJIS規格が制定されている。

第2部 実務編●第5章 試験方法

表 5.8.2-1 生体安全性リスクの対象としている生体に対する傷害・障害の種類
(IEC 60825-1 附属書 表D.1:過度の伴(人体への)病理学的作用より引用・改変)

CIEによる 波長区分	目		皮 膚	
	傷 害	障 害	光化学的傷害	熱的傷害
UV-C(180nm-280nm)	光角膜炎 光結膜炎		紅斑(日焼け) 皮膚の老化加速 色素増強	
UV-B(280nm-315nm)				
UV-A(315nm-400nm)		白内障	直接色素沈着 光過敏反応	
Visible(400nm-780nm)	青色光網膜傷害 熱的網膜傷害	青色光リズム障害		皮膚焼損
IR-A(780nm-1400nm)	網膜焼損	白内障		
IR-B(1.4μm-3.0μm)	房水フレア、 角膜焼損	白内障		
IR-C(3.0μm-1mm)	角膜焼損			

(注)
1. CIEによって定義されている波長区分は、生物的作用を論ずる時に有効な記号であるが、原規格(IEC 60825-1)の表の波長区分とは完全には整合していない。
2. UV-Cの波長区分は、CIEによる区分10)では:100nm～280nm であるが、原規格の対象波長域が、180nm～1mmであるので、この表では 180nm 280nmとした。
3. 対象に光環境用(一般照明用)光源によるリスクも含めるため、若干の追加・改変を行った。

表5.8.2-2 IEC／CIE規格が光の生体安全性リスク評価の対象としている人体に対する傷害的作用

対象となる傷害の種類	内　容	対象波長域[nm]	基準物理量
1. Actinic UV , skin & eye	皮膚と目の角・結膜に対する急性の傷害［紅斑、紫外性眼炎］	200～400	有効放射照度
2. Near UV, eye	近紫外放射による水晶体への傷害［UV-A白内障］	315～400	放射照度
3. Retinal blue light hazard	青色光網膜傷害	300～700	有効放射輝度
4. Retinal blue light hazard,－ small source ($a \leq 0.011$)	青色光網膜傷害(発光部の大きさが小さい光源)	300～700	有効放射照度
5. Retinal thermal hazard	網膜に対する放射の熱的傷害	380～1400	有効放射輝度
6. Retinal thermal hazard,－ weak visual stimulus	網膜に対する熱的傷害(可視放射のほとんど無い場合)	780～1400	有効放射輝度
7. Infrared radiation hazard,eye	赤外放射による角膜および水晶体への熱的傷害	780～3000	放射照度
8. Thermal hazard, skin	皮膚への熱的傷害	380～3000	放射照度

(注)
基準物理量の欄の「有効放射○○」の「有効」は、作用スペクトルによった重み付けされた物理量であることを示している。

(3)許容露光量(Exposure Limit)

　前項の各傷害に対する許容露光量は、傷害の種類により放射照度または放射輝度の時間積分値で評価する必要がある。光放射の人体に対する傷害の許容露光量について、過去に制定された種々の国の国家規格や、国家規格に準ずる規格を調査し、次の4件を重要に参考することとした。

　ア. ICNIRP(International Commission on Non-ionizing Radiation Protection)のガイドライン[11],[12]

　イ. ACGIH(アメリカ保険機構)のTLV[13]

　ウ. ANSI／IESNA規格の中のRP-27シリーズ[14]〜[16]

　エ. DIN 5031[17],[18]

　これら4件の規格類を主に参照し、許容露光量の基準値を定めている。

(4)リスク・グループ区分

　IEC／CIE規格では、照明用光源を、光生物的傷害リスクの大きさに応じて、4グループに区分することとした。このリスクグループ区分は、あくまで"傷害を生じる可能性がある(potential hazard)"という考え方で区分することを基本としている。"必ずこの傷害が生じる"ということではないとしている。

　リスクグループ区分においては、区分する尺度の数値はもちろん重要であるが、数値よりも区分するコンセプトがより重要であることとしている。今後適用していく段階で、区分する数値は見直される可能性があるが、コンセプトの方はあくまで優先的基準であるから、容易には変えないようにすることとした。

　表5.8.2-3に、IEC／CIE規格により制定された光の生体安全性リスクの区分の名称と、区分のコンセプトをまとめたものを示す。

表5.8.2-3　IEC 62471-1／CIE S 009/Eによるリスク・グループ区分の名称および区分のコンセプト

リスク・グループ区分	内　容
リスク免除 (Exempt Group)	原則的考え方としては、結果的にどのような光生物的傷害も誘起する可能性の無い光源。具体的必要基準としては、例えば8時間の照射を受けても、目や皮膚に急性の傷害を与えることが無く、10,000秒(2.8時間)見つめても、青色光網膜傷害を生じることの無いような光源は、このグループ区分になる。
リスクグループ1 ［低リスク］ (RG-1)	原則的考え方としては、通常の一般的行動条件での照射範囲内では、光生物的傷害を生じる可能性の無い光源。具体的必要基準としては、リスク免除グループのレベルは越えるが、例えば、10,000秒(2.8時間)の照射を受けても、目や皮膚に急性の傷害を与えることが無く、100秒間見つめても、青色光網膜傷害を生じることの無いような光源は、このグループ区分になる。
リスクグループ2 ［中リスク］ (RG-2)	原則的考え方としては、高輝度に起因する嫌悪感や熱の不快感が無い場合でも傷害を与える可能性のある光源。具体的必要条件としては、RG-1のレベルは越えるが、例えば、1,000秒の照射を受けても、目や皮膚に急性の傷害を与えることが無く、0.25秒間見つめても、青色光網膜傷害を生じることの無いような光源は、このグループ区分になる。
リスクグループ3 ［高リスク］ (RG-3)	原則的考え方としては、瞬間的な、あるいは非常に短時間の照射を受けても(あるいは見つめても)光生物的傷害を生じるリスクのある光源。RG-2のレベルを越える光源は、このグループ区分になる。

(5)アクセス可能時間とリスクグループ区分

　光環境用光源や光学機器用光源によるリスクを検討する場合、生体(人間)がかかわる時間、すなわち、その光環境に滞留する時間や、(点灯状態の)光学機器を扱う時間が重要となってくる。この場合、対象とする傷害の発症の閾値と、その光環境または、光学機器を取扱う状況における有効放射量が求まれば、次の式5.8.2-1により、アクセス可能時間(その光環境に滞留することができる時間または、その光学機器を取扱うことができる時間の最大値)を求めることができる。

$$\text{アクセス可能時間 [s]} = \frac{\text{対象の傷害の発症の閾値 [J・m}^{-2}\text{]}}{\text{有効放射照度 [W・m}^{-2}\text{]}} \quad (\text{式}5.8.2\text{-}1)$$

　　　1. 有効放射照度: 作用スペクトルで重み付けした放射照度
　　　2. 評価する物理量が放射輝度 の場合も 式 5.8.2-1 に準ずる

このIEC／CIE規格(IEC 62471-1／CIE S 009/E)の規格書には、各傷害の発症の閾値と有効放射量(有効放射照度または有効放射輝度)を求める方法が示されている。

5.8.3 有効放射照度(または有効放射輝度)の算出方法

前項で述べたように、具体的光源や照明器具(LED光源、LED照明器具を含む)について、生体安全性リスク評価(リスクグループ区分)を行うためには、それぞれの使用条件の下において、式5.8.2-1によるアクセス可能時間を測定または算出する必要がある。

ただし、実際的には、光環境や光学機器の使用条件は多様であるため、IEC／CIE規格では、評価する場合の条件を以下のように基準化している。

[リスク評価を行う場合の条件]
- 光環境の場合： 照度＝500 lx
- 光学機器を扱う場合：光源の発光部からの距離＝200 mm

実際のリスク評価を行う場合には、評価の対象となる光源や照明器具について、下記の諸特性データを取得する必要がある。
- (必要対象波長域の)相対分光放射束分布
- (それぞれの使用条件における) 放射照度および放射輝度

なお、これらの放射量の具体的な測定方法や算出方法については、市販されている関連の成書の参照をお願いしたい。

5.8.4 国際規格によるリスク・グループ区分の方法

前項で述べた過程による算出された"有効放射照度"または"有効放射輝度"、および各傷害の発症の閾値とリスクグループのコンセプト(表5.8.2-3)を基に、リスクを区分する放射量を規準化している。国際規格(IEC 62471-1／CIE S 009)によるグループ区分の放射量は 表5.8.4-1に示す通りである。

表5.8.4-1 光の生体安全性リスク・グループ区分と区分する放射量

対象となる傷害の種類	対象波長域 [nm]	基準放射量 [単位]	リスクグループを区分する放射量			
			Exempt	RG-1	RG-2	RG-3
1. Actinic UV, skin & eye	200〜400	有効放射照度 [$W \cdot m^{-2}$]	0.001	0.003	0.03	
2. Near UV, eye	315〜400	放射照度 [$W \cdot m^{-2}$]	0.33	33	100	
3. Retinal blue light hazard	300〜700	有効放射輝度 [$W \cdot m^{-2} \cdot sr^{-1}$]	100	10,000	4,000,000	
4. Retinal blue light hazard,− small source ($a \leq 0.011$)	300〜700	有効放射照度 [$W \cdot m^{-2}$]	1.0	1.0	400	
5. Retinal thermal hazard	380〜1400	有効放射照度 [$W \cdot m^{-2} \cdot sr^{-1}$]	28,000/a	N/A	N/A	
6. Retinal thermal hazard, − weak visual stimulus	780〜1400	有効放射輝度 [$W \cdot m^{-2} \cdot sr^{-1}$]	6,000/a	11,000/a	N/A	
7. Infrared radiation hazard, eye	780〜3000	放射照度 [$W \cdot m^{-2}$]	100	570	3,200	
8. Thermal hazard, skin	380〜3000	放射照度 [$W \cdot m^{-2}$]	4.48	4.48	4.48	

(注)
1. 基準物理量の欄の「有効放射○○」の「有効」、作用スペクトルによった重み付けされた物理量であることを示している。
2. α：光源の見込み角(angular subtense)

[参考文献]
1)照明普及会編:光放射の応用Ⅰ、Ⅱ、照明学会、(昭60)
2)照明学会編:ライティングハンドブック、オーム社、(昭62)
3)IESNA 編:IES LIGHTING HADBOOK 9th Ed., IESNA,(2000)
4)(社)日本照明委員会: LED照明の課題(生体安全性)、照明学会誌、Vol. 94、No. 4、pp 240 -244 (平 22)
5)IEC 60825-1 : Safety of laser products − Part 1 : Equipment classification, requirements and user's guide,(1993)
6)CIE S 009/E : Photobiological Safety of Lamps and Lamp Systems,(2002)
7)IEC 62471-1 : Photobiological safety of lamps and lamp systems,(2007)
8)河本　康太郎:光源安全基準の国際規格化(IEC & CIE 標準化)の動向、第12回日本照明委員会大会予稿集(平10)
9)IEC 60825-1 : Safety of Laser products − Part 1 : Equipment, classification, requirements and user's guide,(2007)
10)CIE S 017/E : ILV: International Lighting Vocabulary,(2011)
11)ICNIRP Guidelines : Guidelines on Limits of to Ultraviolet Radiation of Wavelengths between 180 nm and 400 nm,(2004)
12)ICNIRP Guidelines: On Limits of Exposure to Incoherent Visible and Infrared Radiation,(2013)
13)ACGIH : Threshold Limit Values(TLVs')for Chemical Substances and Physical Agents in Work Environment,(1998)
14)ANSI/IESNA RP-27.1 : Recommended Practice for Photobiological Safety for Lamps and Lamp Systems − General Requirements,(1996)
15)ANSI/IESNA RP-27.2 : Recommended Practice for Photobiological Safety for Lamps and Lamp Systems − Measurement Techniques,(2000)
16)ANSI/IESNA RP-27.3 : Recommended Practice for Photobiological Safety for Lamps and Lamp Systems − Risk Group Classification and Labeling,(1996)

LIGHT EMITTING DIODE

●●● 第6章 ●●●
関連規格

ここでは、LED照明と照明用LEDの評価に関する規格を紹介する。なお、この分野の規格はまだ整備の途上であり、今後も既存規格の改訂や新規格の追加が予想される。ここで示された規格は2014年9月現在のものであることに留意されたい。

6.1 LED照明における測光・測色・寿命についての規格・試験方法

6.1.1 LEDおよびLEDモジュール

規格・試験方法の名称	参考規格		
	IEC	JIS	その他
発光ダイオード(Light Emitting Diodes)	ー	ー	JEITA EIAJ ED-4912
照明用白色発光ダイオード(LED)の測光方法 第1部:LEDパッケージ	ー	C 8152-1	ー
照明用白色発光ダイオード(LED)の測光方法 第2部:LEDモジュールおよびLEDライトエンジン	ー	C 8152-2	ー
照明用白色発光ダイオード(LED)の測光方法―第3部:光束維持率の測定方法	ー	C 8152-3	ー
蛍光ランプ・LEDの光源色および演色性による区分	ー	Z 9112	ー
Approved Method: Electrical and Photometric Measurements of Solid-State Lighting Products	ー	ー	IES LM-79-08
Approved Method: Measuring Lumen Maintenance of LED Light Sources* + Addendum A	ー	ー	IES LM-80-08
Projecting Long Term Lumen Maintenance of LED Light Sources + Addendum A	ー	ー	IES TM-21-11
Approved Method: Characterization of LED Light Engines and LED Lamps for Electrical and Photometric Properties as a Function of Temperature	ー	ー	IES LM-82-12
IES Approved Method for Electrical & Photometric Measurements of High Power LEDs	ー	ー	IES LM-85-14

6.1.2 LEDランプおよびLED照明器具

規格・試験方法の名称	参考規格		
	IEC	JIS	その他
一般照明用光源の測光方法	ー	C 7801	ー
照明器具-第5部:配光測定方法	ー	C 8105-5	ー

6.2 LED照明における信頼性についての規格・試験方法

6.2.1 熱的環境試験

試験項目	参考規格			
	IEC 60068	JIS C 60068	JEITA EIAJ ED-4701	JEDEC JESD22
温度サイクル	−	−	105	A104D
熱衝撃	2-14	2-14	307	A106B
温湿度サイクル	2-30/2-38	2-30/2-38	203	−

6.2.2 機械的環境試験

試験項目	参考規格			
	IEC 60068	JIS C 60068	JEITA EIAJ ED-4701	JEDEC JESD22
振動	2-6	2-6	403	B103B
衝撃	2-27	2-27	404	B104C
定加速度	2-7	2-7	405	−

6.2.3 ノイズ環境試験

試験項目	参考規格		
	IEC 61000	CISPR[※1]	JIS C 61000
静電気放電イミュニティ	4-2	−	4-2
放射性無線周波電磁界イミュニティ	4-3	−	4-3
電気的ファスト・トランジェント／バースト・イミュニティ	4-4	−	4-4
サージ・イミュニティ	4-5	−	4-5
無線周波数電磁界誘導による伝導妨害イミュニティ	4-6	−	4-6
電源周波数磁界イミュニティ	4-8	−	4-8
電圧ディップ、瞬間停電、電圧変動イミュニティ	4-11	−	4-11
高調波電流エミッション	3-2	−	3-2
無線妨害波特性の許容値及び測定方法[※2]	−	15	−

[※1] 国際電気標準会議(IEC)の国際無線障害特別委員会
[※2] この他、一般財団法人VCCI協会の自主規制措置運用規定の付則が参考とされる場合もある

6.2.4 外郭による保護等級

試験項目	参考規格	
	IEC	JIS
IPコード	60529	C 0920

6.2.5 その他の環境試験

試験項目	参考規格			
	IEC 60068	JIS C 60068	JEITA EIAJ ED-4701	JEDEC JESD22
塩水噴霧	2-11	2-11	204	A107C
静電破壊	3-1/3-2	3-1/3-2	304/305	A114F/A115F

6.3 LED照明における安全性についての規格・試験方法

6.3.1 LEDおよびLEDモジュールの電気的・機械的安全性

規格・試験方法の名称	参考規格		
	IEC	JIS	その他
ランプソケット類－第2-2部:プリント回路板ベースLEDモジュール用コネクタに関する安全性要求事項	60838-2-2	C 8121-2-2	－
ランプ制御装置－第2-13部:直流又は交流電源用LEDモジュール用制御装置の個別要求事項(安全規格)	61347-2-13	C 8147-2-13	－
一般照明用ＬＥＤモジュール－安全仕様	62031	C 8154	－

6.3.2 LEDランプおよびLED照明器具の電気的・機械的安全性

規格・試験方法の名称	参考規格		
	IEC	JIS	その他
照明器具－第1部:安全性要求事項通則	60598-1	C 8105-1	－
照明器具－第2-3部:道路及び街路照明器具に関する安全性要求事項	60598-2-3	C 8105-2-3	－
照明器具－第2-8部:ハンドランプに関する安全性要求事項	60598-2-8	C 8105-2-8	－
照明器具－第2-11部:観賞魚用照明器具に関する安全性要求事項	60598-2-11	C 8105-2-11	－
一般照明用電球形ＬＥＤランプ(電源電圧50V超)－安全仕様	62560	C 8156	－
一般照明用GX16t-5口金付直管LEDランプ-第1部 安全仕様	－	C 8159-1	－
GZ16口金付制御装置内蔵形直管LEDランプ(一般照明用)－第1部 安全仕様	－	－	JLMA[※1] JEL 803-1

※1 (一社)日本照明工業会

6.3.3 生体安全性

規格・試験方法の名称	参考規格		
	IEC	JIS	その他
レーザ製品の安全基準	60825-1	C 6802	－
ランプおよびランプシステムの光生物学的安全性[※1]	62471-1	C 7550	CIE S 009

※1 この他に、規格ではないが、IEC/TR 62471-2 "Photobiological safety of lamps and lamp systems - Part 2: Guidance on manufacturing requirements relating to non-laser optical radiation safety"(ランプ及びランプシステムの光生物学的安全性－第2部:非レーザ光学的放射の安全性の手引)がIECより出されている。

6.3.4　電気用品安全法

　LEDランプおよびLED照明器具とそれらに使われる直流電源は一部を除き電気用品安全法で規制される電気用品である。したがってこれに該当するLEDランプとLED照明器具は同法の技術基準およびこれを具体化した技術基準の解釈に従う必要がある。

　技術基準の解釈のうち照明器具と直流電源が含まれるのは別表第八である。

> 別表第八「電気用品安全法施行令(昭和三十七年政令第三百二十四号)別表第一第六号から第九号まで及び別表第二第七号から第十一号までに掲げる交流用電気機械器具並びに携帯発電機」

以下、別表第八のうち関係する箇所を下記に示す。

別表第八のLEDランプ及びLED照明器具に関する規定の箇所	
1　共通の事項	(その製品の該当する箇所)
2　電気用品安全法施行令(昭和三十七年政令第三百二十四号)別表第一第六号から第九号まで及び別表第二第七号から第十一号までに掲げる交流用電気機械器具	(86)電気スタンド
	(86の3)充電式携帯電灯
	(86の4)ハンドランプ
	(86の6の2)エル・イー・ディー・ランプ
	(86の7の2)エル・イー・ディー・電灯器具((86)及び(86の4)に掲げるものを除く)
	(86の8)広告灯
	(87)庭園灯器具
	(88)装飾用電灯器具
	(102)直流電源装置
	(107)電灯付家具、コンセント付家具その他の電気機械器具付家具

※電気用品安全法は平成25年7月1日に「電気用品の技術上の基準を定める省令の全部を改正する省令」(経済産業省令第三十四号)が告示され、平成26年1月1日施行で技術基準の体系が大きく変わった。本書の編集時点においても「性能規定化」による移行の途上にあり逐次変更が加えられている。したがって現時点での正確な情報は都度、経済産業省の電気用品安全法のページ
http://www.meti.go.jp/policy/consumer/seian/denan/hourei.htm
を参照されたい。

6.4 LED照明における性能および製品についての規格・試験方法

6.4.1 LEDおよびLEDモジュール

規格・試験方法の名称	参考規格		
	IEC	JIS	その他
ＬＥＤモジュール用制御装置－性能要求事項	62384	C 8153	－
一般照明用ＬＥＤモジュール－性能要求事項	62717	C 8155	－
Energy performance of lamp controlgear - Part 3: Controlgear for halogen lamps and LED modules - Method of measurement to determine the efficiency of the controlgear	62442-3	－	－

6.4.2 LEDランプおよびLED照明器具

規格・試験方法の名称	参考規格		
	IEC	JIS	JLMA
照明器具－第3部：性能要求事項通則	－	C 8105-3	－
LED卓上スタンド・蛍光灯卓上スタンド(勉学用・読書用)	－	C 8112	－
家庭用LED照明器具・家庭用蛍光灯器具	－	C 8115	－
道路照明器具	－	C 8131	－
一般照明用電球形ＬＥＤランプ(電源電圧50V超)－性能要求事項	62612	C 8157	－
一般照明用電球形ＬＥＤランプ(電源電圧50V超)	－	C 8158	－
一般照明用GX16t-5口金付直管LEDランプ-第2部 性能要求事項	－	C 8159-2	－
一般照明用GX16t-5付直管ＬＥＤランプシステム	－	－	JEL 801
一般照明用R4口金付直管ＬＥＤランプシステム	－	－	JEL 802
GZ16口金付制御装置内蔵形直管LEDランプ(一般照明用)－第2部 性能要求事項	－	－	JEL 803-2
光源製品の正しい使い方と表示事項	－	－	JEL 600
光源製品の安全性確認試験通則	－	－	JEL 601

コラム
● 可視光通信 ●

2014年のノーベル物理学賞は、青色発光ダイオード（LED）を発明した赤崎勇氏、天野浩氏、中村修二氏の3氏に授与されましたが、発明された技術をもとに、1990年代以降、照明器具、交通信号機、ディスプレイなど様々な分野で可視光LEDが使用されています。

可視光光源の光を点滅させることで情報を伝達することが可能ですが、可視光LEDを用いると容易に点滅させることができるため、可視光通信の送信デバイスとして期待されています。また、受信デバイスとしては、図1に示されているように、フォトダイオードとイメージセンサーがあげられます。フォトダイオードは、可視光LEDから送信される光の強度を検出することで動画などのデータ伝送を行うことができます。一方、デジタルカメラで使われているようなイメージセンサーは、光強度信号を受信できるだけでなく、その光が到来する角度を正確に検出することができます。

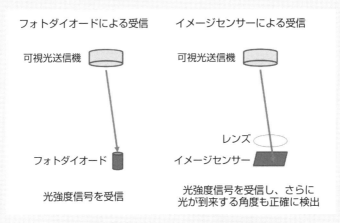

図1　異なる受信デバイスによる可視光受信方式

この特性を用いると、送信機や受信機の正確な位置を検出したり、複数の光信号を混信することなく同時に受信したりすることができるため、AR(Augmented Reality:拡張現実)、ナビゲーション、ロボット制御、並列通信などの応用が検討されています。図2にARの応用例が示されていますが、ビルに設置された可視光LEDからデータを送信し、イメージセンサーで可視光受信を行った後、撮像され

たイメージに送信されたコンテンツを重ねることで現実の世界にバーチャルなコンテンツを付加して表示することができます。

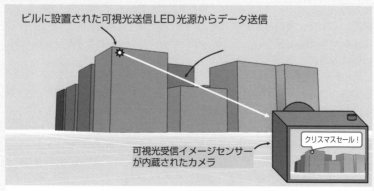

図2：可視光通信のAR(拡張現実)への応用

　可視光通信協会(Visible Light Communications Association)では、このような可視光通信の特徴を生かした可視光通信方式の標準化やプラットフォームの検討を行っています。。

可視光通信協会　会長
慶應義塾大学大学院　教授
春山真一郎

【用語解説】
可視光通信:可視光を用いて情報伝達を行う通信のこと
フォトダイオード:光検出器として働く半導体のダイオード
イメージセンサー:対象物をレンズで投影させ、結像した像の光の明暗を二次元状のセンサーアレーで電気信号に変換することにより画像を撮影するデバイス
AR:Augmented Reality、日本語では拡張現実といい、現実の環境をコンピュータを用いて拡張する技術、特に現実の景色の場合は、その景色を拡張する技術のこと。

LED照明技術と推進協議会の活動

　白色LEDはわが国が世界に先駆けて開発したオリジナル技術であり、照明技術を根底から変える革新的な技術です。しかしながら諸外国を見わたすと、LEDの持つ特徴に着目し、さまざまな分野への導入に力を入れ、その普及に積極的な取組みをみせており、LEDに係る国際的な競争のますますの激化が予想されます。

　このような状況の下で、LEDに係る技術開発と併せ、LEDを活用した照明・表示用のすぐれた特性を周知し、普及するための活動を目的に、産業界の有志を中心として「LED照明推進協議会」が2004年6月に設立されました。現在、事業年度として11年目を迎えています。2007年8月1日には東京都より特定非営利活動法人(NPO)の認証を受け、その活動をさらに本格化しました。会員企業は発足当初32社でしたが、2015年2月現在では95社となっております。

　当協議会の主な活動は、①LED関連企業の製品・技術の事例データの集積、②LEDを活用した照明・表示機器の普及に向けた戦略策定と技術開発のためのロードマップの策定、③広報活動によるLEDの普及促進、④標準化活動を促進するため各種関係団体との協力、知的財産権保護や粗悪品対策などの検討、⑤関係省庁への働きかけ等です。

　イベント関係では、毎年開催している「JLEDSシンポジウム」、年3回の会員研修会、隔年のLED Next Stage展示会が定着しています。また、種々のLED関連の展示会、セミナーへの協力と出展を行っています。海外との交流もJLEDSの認知度が高まるにつれて活発になってきており、特に中国、韓国、台湾とは毎年のように交流しています。

　技術関係活動では、LEDの技術ロードマップの作成、標準化動向の調査を行ってきました。「LED照明信頼性ハンドブック」の初版の作成は約50名の技術者集団が分野ごとに編成され、約2年がかりで取組み、実務に即した知恵の結晶として2008年に完成したものです。その後、LEDを巡る状況が大きく進展したことから今回の大幅な改訂を行うこととなりました。

　現在、環境省、経済産業省等は、LEDによる省エネ、地球環境対策に熱心であり、技術開発、税制などの政策を展開しています。当協議会は、関係省庁とも連携しながら、わが国がLED技術で引き続き世界をリードし、同時に社会・経済の多くの分野でLEDが活用されるよう、今後共取組みを展開していく所存です。

2015年2月

特定非営利活動法人LED照明推進協議会
専務理事　小紫　正樹

LED照明推進協議会　会員企業一覧

会　社　名	アイリスオーヤマ株式会社
担当部署	LED事業本部
所在地	〒112-0004 東京都文京区後楽1-5-3 後楽国際ビルディング5F
連絡先	tel 03-3817-1028(代)
ホームページURL	http://www.irisohyama.co.jp/led/houjin/
事業概要	当社は収納用品からペット、ガーデニング用品までの身の回りの生活用品を扱うメーカーベンダーです。2009年からはそのノウハウを活かしてLED照明事業に本格参入しました。2014年にはアイテム数を4,800アイテムまで拡充し、今後はBtoBでの販売以外にも、電材卸・住宅メーカーへの販売を更に強化し、更なる事業拡大を目指して参ります。

会　社　名	アオイネオン株式会社
担当部署	企画設計部
所在地	〒146-0082 東京都大田区池上3-6-16
連絡先	tel 03-3754-2111　　e-mail ramura@aoineon.com
ホームページURL	http//www.aoineon.com
事業概要	サインボード並びにそれに付随する銘板の設計、建設、据付、メンテナンス及びサインボードの検査、診断業務

会　社　名	株式会社ICSコンベンションデザイン
担当部署	第3事業部
所在地	〒101-8449 東京都千代田区猿楽町1-5-18　千代田ビル
連絡先	tel 03-3219-3564　　e-mail led@ics-inc.co.jp
ホームページURL	http://www.optojapan.jp/led/
事業概要	『LED Japan Conference&Expo』は、LEDの設計・アプリケーション開発の専門展として、国内外のメーカー/関係者が集結する展示会/カンファレンスです。

会　社　名	IDEC株式会社
担当部署	LED事業部　営業部
所在地	〒532-0004 大阪市淀川区西宮原2-6-64
連絡先	tel 06-6398-2518
ホームページURL	http://www.idec.com
事業概要	IDEC㈱は、人と機械をつなぐ制御機器製品を創造する企業として、産業現場でのものづくりを「制御の技術」で支える中で、FA技術で培った筐体設計技術、LED実装技術を活かして、工場照明や機械照明などのLED照明器具の新しい可能性を追求しています。

会　社　名	E&E Japan株式会社
担当部署	営業部
所在地	〒162-0843 東京都新宿区市ヶ谷田町2-7-15 近代科学社ビル2F
連絡先	tel 03-3267-6761
ホームページURL	http://www.eejp.co.jp/
事業概要	E&Eは、EPISTAR社(台湾)とEVERLIGHT社(台湾)より出資を受け、LEDベアChip及びLEDパッケージ製品、LED Driverを日系メーカー様向けの　窓口として国内のみならず海外でも、Group全体で最適なサポートを数多くのお客様にお届けしています。

会 社 名	株式会社因幡電機製作所
担当部署 所在地 連絡先 ホームページURL	照明事業部 〒538-0861 大阪府羽曳野市西浦976 tel 072-957-0661 http://www.inaba.com/
事業概要	街路灯ポール、景観照明器具、仮設照明器具を製造・販売しており「安心・安全なまちづくり」をテーマにLED道路灯、LED街路灯、LED防犯灯をはじめ、自然エネルギーを利用した街路灯の開発など、環境にやさしい「あかり」を追求している。

会 社 名	岩崎電気株式会社
担当部署 所在地 連絡先 ホームページURL	照明事業戦略本部 〒103-0002 東京都中央区日本橋馬喰町1-4-16 下記ホームページのお問合せ先よりお願い致します。 http://www.iwasaki.co.jp/
事業概要	各種光源、照明器具、光応用機器等の製造および販売 <光　源>HIDランプ、LEDランプ、ハロゲン電球、紫外線殺菌ランプ 等 <照明器具>道路用照明、屋外施設用照明、屋内施設用照明 等 <光応用機器>紫外線殺菌、赤外線加熱、電子線照射、植物育成 等

会 社 名	ウシオライティング株式会社
担当部署 所在地 連絡先 ホームページURL	光源事業部 〒104-0032 東京都中央区八丁堀2-9-1 RBM東八重洲ビル tel 03-3552-8267（直）　　e-mail info@ushiolighting.co.jp http://www.ushiolighting.co.jp/
事業概要	"光創造企業" として半世紀にわたり、LEDをはじめとする光源、システムといった「ハード」、制御のための「ソフト」を両輪として、製品、サービス、ソリューション提供を通じて、人々の暮らしや社会、産業をささえてきました。 これからもウシオは、独創的な技術とアイディアで、未来を拓きます。

会 社 名	エコ・トラスト・ジャパン株式会社
担当部署 所在地 連絡先 ホームページURL	営業本部 〒105-0012 東京都港区芝大門1-2-8　COSMICビル2F tel 03-6452-9511　　e-mail info@trustlight.jp http://www.trustlight.jp/
事業概要	LED照明の設計、製造、販売、それに付随する業務

会 社 名	株式会社エコリカ
担当部署 所在地 連絡先 ホームページURL	LED事業部 〒540-0027 大阪府大阪市中央区鎗屋町1-2-9 tel 06-4790-2302 http://www.ecorica.jp/led/
事業概要	業界初エコマーク認定LED電球と取付簡単すぐに省エネが実現できる蛍光灯形LEDなど地球環境に優しい長寿命で且つ消費電力を抑えたＬＥＤ照明のご提案により、省資源・省エネルギーを推進し、販売促進に努めます。

LED照明推進協議会 会員企業一覧

会　社　名	FKK株式会社　FKK CORPORATION
担当部署	LED事業部
所在地	〒601-8399 京都府京都市南区吉祥院堤外町11番地
連絡先	tel 075-322-5127　　e-mail kawata@sign-fkk.com
ホームページURL	http://www.fkk-corporation.com/
事業概要	商業施設、建築向けにてLEDを応用したライン照明、面発光パネルなどモジュール開発、製造、販売会社。LED基板・モジュールから、完成品まで、様々なニーズに対応致します。京都には本社・工場及びLED研究所を設け営業所は東京・大阪・仙台・福岡。まずは、お問い合わせ下さいませ。

会　社　名	SD Lighting株式会社
担当部署	技術部
所在地	〒836-0061 福岡県大牟田市新港町1-29
連絡先	tel 0944-56-8283
ホームページURL	http://www.sd-lighting.co.jp/
事業概要	当社は2011年にドイツメーカーとの合弁会社として設立され、2015年より組織体制を一新し、SD Lightingとして再スタートを行います。欧州のユニークな灯具販売とお客様のニーズを踏まえたオリジナル製品の開発・販売を含め、デザインと機能性に優れたものづくりを意欲的に進め、屋外照明においてあらゆるお客様のニーズにお応えできる"あかり"のサポート役を目指していきたいと考えております。

会　社　名	NECライティング株式会社
担当部署	
所在地	〒105-0014 東京都港区芝1-7-17（住友不動産芝ビル3号館）
連絡先	tel 03-6746-1500（代表）
ホームページURL	http://www.nelt.co.jp/
事業概要	住宅用照明器具、施設用照明器具、一般ランプ、照明制御などを開発・製造・販売しており、光とあかりの幅広い領域をカバーし、トータルなライティング・ソリューションを提供している。

会　社　名	株式会社エヌティーソリューション
担当部署	営業部
所在地	〒103-0004 東京都中央区東日本橋1-3-3 TYDビル4階
連絡先	tel 03-5825-4497
ホームページURL	http://www.ntsolution.ne.jp
事業概要	当社はLED照明の販売を始めて以降、多数のお客様に納入させて頂きました。その後、東北大震災の大規模停電を経験しLED照明に防災の視点を取り入れ防災用LEDの開発に着手し本年度より販売を開始いたしました。防災用LEDの販売を通じ災害時の減災に貢献してまいります。

会　社　名	株式会社遠藤照明
担当部署	品質保証部試験課
所在地	〒577-0065 大阪府東大阪市高井田中4-2-11
連絡先	tel 06-6783-4366
ホームページURL	http://www.endo-lighting.co.jp/
事業概要	各種照明器具の企画・デザイン・設計・製造及び販売 インテリア家具・用品の販売

会 社 名	株式会社大塚商会
担当部署 所在地 連絡先 ホームページURL	共通基盤ハード・ソフトプロモーション部LEDプロモーション課 〒102-8573 東京都千代田区飯田橋2-18-4 大塚商会本社ビル8F tel 03-3514-7572 http://www.otsuka-shokai.co.jp/
事業概要	システムインテグレーション事業／コンピューター、複合機、通信機器、ソフトウェアの販売および受託ソフトの開発／サービス＆サポート事業／サプライ供給、保守、教育支援　など

会 社 名	大塚電子株式会社
担当部署 所在地 連絡先 ホームページURL	大阪本部　営業部 〒540-0029 大阪府大阪市中央区大手通3-1-2エスリードビル大手通6F tel 06-6910-6521 http://www.otsukael.jp/
事業概要	科学機器、光学機器、医療機器、工業計測機器および同部品ならびに附属品の開発、製造、販売、修理および輸出入。これに附帯する一切の業務。

会 社 名	オーデリック株式会社
担当部署 所在地 連絡先 ホームページURL	開発本部開発部 〒168-0081 東京都杉並区宮前1-17-5 tel 03-3332-1111 http://www.odelic.co.jp
事業概要	1946年創業。開発・生産・流通・販売までの一貫体制を敷く各種照明器具の専業メーカー。省エネルギーを追求したLEDによる「あかり」を通じ、暮らしの礎となる住環境及び商環境をより豊かに、快適に演出します。

会 社 名	株式会社 岡村電産
担当部署 所在地 連絡先 ホームページURL	東京支店 海外事業部 〒107-0052 東京都港区赤坂3-11-15　赤坂桔梗ビル5階 tel 03-3224-3700　fax 03-3224-3701　e-mail e-omura@okamura-densan.co.jp http://www.okamura-densan.co.jp/
事業概要	商業施設向けLED照明器具・LEDモジュール LEDランプの企画・設計・開発・製造および販売

会 社 名	株式会社オプト・システム
担当部署 所在地 連絡先 ホームページURL	営業部 〒610-0313 京都府京田辺市三山木野神100 tel 0774-68-4440　e-mail hp_inquiryjp@opto-system.co.jp http://www.opto-system.co.jp
事業概要	LEDやLDを主とした化合物半導体ウェハーやチップの測定・外観検査及びチップ加工用装置の設計製作・販売を主体としている。研究開発用のカスタム仕様から量産機までフレキシブルな対応が可能である。

会 社 名	オプレント・ジャパン株式会社
担当部署 所在地 連絡先 ホームページURL	〒190-0012 東京都立川市曙町1-25-12　オリンピック曙町ビル609 tel 042-512-9783 http://opulent-group.com/jp/
事業概要	シンガポールのLED照明ODM/OEMメーカー。マレーシアのペナンにLED照明開発センター・主力工場を有し、独自の特許技術を駆使したケミコンレス長寿命電源、高放熱性メタル基板を利用した高品質・信頼性SSLソリューションを世界大手顧客に提供。2013年2月に日本法人を設立し日本国内での本格的営業を開始。

会 社 名	株式会社共進電機製作所
担当部署 所在地 連絡先 ホームページURL	〒532-0035 大阪市三津屋南2丁目6番16号 tel 06-6309-2151（代）　　　e-mail mail@kyoshin-ewl.co.jp http://www.kyoshin-ewl.co.jp/
事業概要	照明用電源装置（LED照明用電源）、照明用安定器（電子安定器） 各種の設計・製造・販売

会 社 名	株式会社共立電照
担当部署 所在地 連絡先 ホームページURL	営業部 〒880-2215 宮崎県宮崎市高岡町高浜1495番地55 tel 0985-65-6700 http://fk-led.com/
事業概要	LED照明に関する開発並びに製造、販売 電気機器、設備に関する製造、販売

会 社 名	株式会社ケイミックス
担当部署 所在地 連絡先 ホームページURL	環境事業部 〒104-0031 東京都中央区京橋2-5-7　日土地京橋ビル tel 03-3566-3723 http://www.kmix.co.jp/eco/wel/index.html
事業概要	LED蛍光灯『ワンダーエコライト』（PSE指定・S-JET認証製品・IP54適合）を中心にLED照明を販売。ワンダーエコライトは、ビルオーナーの要望から、K-MIXが独自に研究・開発したLED蛍光灯です。防水・防塵型LED蛍光灯ワンダーエコライトの安全基準はPSE及びS－JET認証取得製品です。

会 社 名	株式会社ケーディーエス
担当部署 所在地 連絡先 ホームページURL	特殊照明事業部 〒444-2121 愛知県岡崎市鴨田町字末広27 tel 0564-84-5566　　　e-mail info@ekds.jp http://www.ekds.jp
事業概要	直流電源で動作する耐震動・完全防水型LED投光器をメインに製造販売.車載用をはじめ、鉄道車両、ホイストクレーン、フォークリフトなどに使用できるバッテリー駆動のLED照明機器を製造しています。鉄道業界の他、消防関連、重機など車輌製造メーカー様へ幅広く納品しています。

会　社　名	コイト電工株式会社
担当部署 所在地 連絡先 ホームページURL	営業本部　販売推進室 〒244-8569 神奈川県横浜市戸塚区前田町100番地 tel 045-826-6820 http://www.koito-ind.co.jp/
事業概要	道路照明、景観照明、施設照明、道路情報板、交通信号機等を中心に、鉄道車両機器、住設機器、環境システム機器等の開発、製造、販売を行っている。

会　社　名	株式会社 光波
担当部署 所在地 連絡先 ホームページURL	営業本部 東日本営業部　企画セクション 〒178-8511 東京都練馬区東大泉1-19-43 tel 03-3978-2151 http://www.koha.co.jp/
事業概要	「光」のエンジニアリング企業。LEDのパッケージングから、光学設計、回路設計、防水、樹脂成形、センサーなどの技術を加えたLED照明、LED応用製品を開発、製造、販売。主に自動販売機製品、看板用・一般用照明、LED表示器を展開。

会　社　名	興和株式会社
担当部署 所在地 連絡先 ホームページURL	環境・省エネ事業部 〒103-8433 東京都中央区日本橋本町3-4-14 tel 03-3279-7652 http://www.kowa.co.jp/company/index.htm
事業概要	エコ・健康の観点から特殊光学技術と先端テクノロジーをベースにしたLED照明機器の開発・製造・販売に注力すると共に、省エネルギー社会　を見据えた再生可能エネルギー発電システムや植物工場などの事業展開を積極的に取り組んでいます。

会　社　名	コニカミノルタ株式会社
担当部署 所在地 連絡先 ホームページURL	オプティクスカンパニーセンシング事業部 販売部 GMA技術Gr. 〒105-0023 東京都港区芝浦1-1-1　浜松町ビルディング27F tel 03-6324-1011 http://konicaminolta.jp
事業概要	コニカミノルタは永年培ってきた光学技術をベースに照度計、輝度計、分光照度計など、幅広い光学計測機器を製造・販売しております。 LED業界において世界標準としても使用される分光器を提供してきたドイツの「Instrument Systems社」がコニカミノルタグループに加わりました。

会　社　名	サイバネットシステム株式会社
担当部署 所在地 連絡先 ホームページURL	オプティカル事業部 〒101-0022 東京都千代田区神田練塀町3 富士ソフトビル tel 03-5297-3405　　e-mail optsales@cybernet.co.jp http://www.cybernet.co.jp/optical/
事業概要	サイバネットシステムはCAE(Computer Aided Engineering)関連のソフトウェアや測定器、技術サービスを販売している。当事業部ではLEDや照明機器の効率向上、配光設計のためのシミュレーションソフトウェアや光学測定器を提供する。

LED照明推進協議会　会員企業一覧

会　社　名	株式会社サンエスオプテック
担当部署	東京本社　営業部
所在地	〒104-0061 東京都中央区銀座8-19-3　銀座竹葉亭ビル7F
連絡先	tel 03-6803-1848
ホームページURL	http://www.3s-optech.com

事業概要	LED照明アプラ® シリーズの製造及び販売、製品の海外輸出 風力・太陽光・発電・省エネ関連商品の企画、開発及び製品の販売 省エネ関連商材の電気工事一式（東京都電気工事業者　第264661号） 上記各号に付帯する一切の事業

会　社　名	サンケン電気株式会社
担当部署	オプトBU　オプト市場戦略グループ
所在地	〒352-8666 埼玉県新座市北野3-6-3
連絡先	tel 048-487-6135
ホームページURL	http://www.sanken-ele.co.jp/

事業概要	独立系パワー半導体メーカー。 電源、モーター制御システム及びパワーIC、センサーICの技術に特色。 自動車、エレクトロニクス製品全般に採用、グローバルトップシェアー製品も多い。

会　社　名	賛光電器産業株式会社
担当部署	高崎工場　製造部
所在地	〒370-1201 群馬県高崎市倉賀野町3100
連絡先	tel 027-346-2111
ホームページURL	http://sankodenki.jp/

事業概要	屋外照明（街路灯・防犯灯・道路灯・照明器具） 装飾構造物（アーチ・広告塔・看板・モニュメント） 街路環境の企画、デザイン、設計、製造、施工、販売等

会　社　名	シーシーエス株式会社
担当部署	光技術研究所
所在地	〒602-8011 京都府京都市上京区烏丸通下立売上ル桜鶴円町374番地
連絡先	tel 075-415-8280
ホームページURL	http://www.ccs-inc.co.jp/

事業概要	画像処理用LED照明装置および制御装置の開発、製造、販売 顕微鏡光源用、植物育成用、医療用、美術館・博物館用 その他LED応用照明の開発、製造販売

会　社　名	Xicato Japan 株式会社
担当部署	
所在地	〒203-0004 東京都東久留米市氷川台2-9-8
連絡先	tel 050-5534-3168　　　e-mail noboru.kaito@xicato.com
ホームページURL	http://jp.xicato.com

事業概要	従来のLED光源の概念を一新する、光の質を追求した高品質照明用LEDモジュールの製造・販売。独自の改良型コールド・フォスファー・テクノロジーにより、色度のバラツキ・経時変化がなく、選別・色合わせが不要。フューチャー・プルーフの設計思想により、設計寿命が長く保てる。

会 社 名	シチズン電子株式会社
担当部署 所在地 連絡先 ホームページURL	 〒403-0001 山梨県富士吉田市上暮地1-23-1 tel 0555-23-4121　　fax 0555-24-2426 http://ce.citizen.co.jp/
事業概要	1983年、弊社は世界初の表面実装型LEDパッケージを開発し、以降、多くの製品応用事例を通して実績を積み重ねてきました。長年のLEDパッケージ開発の中で培った独自技術を生かし、今後もLEDパッケージのリーディングカンパニーとして新たな光の価値創造に取り組みます。

会 社 名	篠原電機株式会社
担当部署 所在地 連絡先 ホームページURL	LED事業部 〒530-0037 大阪府北区松ヶ枝町6番3号 tel 06-6358-2655 http://www.shinohara-elec.co.jp/
事業概要	電源装置の安定供給に関する技術を培ってきた企業であり効率化と省力化を前提にした6千以上の機構部品を開発販売している。その中でもＬＥＤ照明は、2002年から取り組んでおり、顧客ニーズを的確にとらえ設計に落とし込む事で使い易い信頼性の高いLED照明を提供している。

会 社 名	株式会社島津製作所
担当部署 所在地 連絡先 ホームページURL	分析計測事業部グローバルマーケティング部 〒101-8448 東京都千代田区神田錦町1-3 tel 03-3219-5857　　e-mail suzuki@shimadzu.co.jp http://www.shimadzu.co.jp/
事業概要	島津製作所は、分析機器、計測機器、医用機器、航空機器、産業機器をはじめ、様々な事業に取り組んでおります。分析・計測事業におきましては人々の健康に直結する領域、街やくらしの安全を守る分野で活躍する分析装置や試験計測機器など、高精度な機器群を提供しております。

会 社 名	ジャパンLEDS株式会社
担当部署 所在地 連絡先 ホームページURL	 〒600-8320 京都市下京区西洞院通七条上る福本町405番地 京石ビル3階 tel 075-330-8888 http://www.japan-leds.co.jp
事業概要	LED照明の卸売及び小売

会 社 名	ジャパンソウル半導体株式会社
担当部署 所在地 連絡先 ホームページURL	営業部 〒160-0022 東京都新宿区新宿1-11-17-6F tel 03-5360-7620 http://www.seoulsemicon.com/jp/
事業概要	韓国Seoul SemiconductorのLED製品の営業支援/技術支援。韓国Seoul Semiconductor社では、照明用途の白色LEDをはじめバックライト用LED、車載用途、印刷、キュアリング、殺菌など様々な用途に向けたUV LEDなども製造。チップからモジュールまで自社で生産。

LED照明推進協議会 会員企業一覧

会 社 名	昭和電工株式会社
担当部署	事業開発センター　グリーンプロジェクト
所在地	〒105-8518 東京都港区芝大門1-13-9
連絡先	tel 03-5470-3662
ホームページURL	http://www.sdk.co.jp
事業概要	昭和電工は、無機化学、有機化学、アルミ加工等の広範な技術を融合した素材・部材の事業を展開する、個性的な化学メーカーです。現在推進中の中期経営計画において、ハードディスク、超高輝度LED、カーボンナノファイバーなどの最先端のエレクトロニクス関連製品に注力しています。

会 社 名	新電元工業株式会社
担当部署	販売推進部　マーケティング課
所在地	〒100-0004　東京都千代田区大手町2-2-1
連絡先	tel 03-3279-4537　e-mail ps-sales@shindengen.co.jp
ホームページURL	http://www.shindengen.co.jp/top_j/
事業概要	新電元工業㈱は、地球環境改善への取り組みに貢献するため高効率のLED照明用電源開発に力を入れております。調光機能などの各種機能、および、長寿命、耐環境性能を有した各種電源を幅広く開発・提供し社会環境に貢献しています。

会 社 名	スタンレー電気株式会社
担当部署	照明応用事業部　第一営業部　営業二課
所在地	〒225-0014 神奈川県横浜市青葉区荏田西2-14-1
連絡先	tel 045-910-6642　　https://www.stanley.co.jp/inquiry/lighting.php
ホームページURL	http://stanley-ledlighting.com/
事業概要	自動車用灯体や、LEDを主力にしたデバイス製品、応用製品等、"光"を事業の核として製品開発を行なっています。長年培ってきた光学設計技術を活かし、高出力・高効率・高信頼性の屋外用LED照明・植物育成用LED照明を製造販売しています。

会 社 名	星和電機株式会社
担当部署	生産本部　照明事業部　技術部
所在地	〒610-0192 京都府城陽市寺田新池36
連絡先	tel 0774-55-8181
ホームページURL	http://www.seiwa.co.jp
事業概要	道路・トンネルに設置される屋外照明の開発・設計・製造・販売～プラントや石油精製所の爆発危険場所など、厳しい環境下で使用される照明器具も長年にわたり提供しています。

会 社 名	千住金属工業株式会社
担当部署	営業一部
所在地	〒120-8555　東京都足立区千住橋戸町23番地
連絡先	tel 03-3888-5151
ホームページURL	http://www.senju-m.co.jp/
事業概要	SMICは、はんだ付け材料、FA機器、すべり軸受事業を核として、lectronics/Chemicals/Mechanicsのコア技術を融合させ、その技術をより深めることでSynergyを創出、電気電子機器、半導体、自動車などあらゆる分野の多様なハイテクノロジー化の一翼を担ってきました。

会　社　名	大光電機株式会社
担当部署	PLCT
所在地	〒578-0905　大阪府東大阪市川田4-1-23
連絡先	tel 0729-62-8418　　e-mail kouji_ueno@lighting-daiko.co.jp
ホームページURL	http://www.lighting-daiko.co.jp
事業概要	照明器具専業メーカーとして、商空間・住空間の「あかり」・「環境」事業を通じて、快適な照明空間の提供を行っている。また、照明専業メーカーとしてLED照明に力を入れている。

会　社　名	株式会社ダイセル
担当部署	有機合成カンパニー　機能材料マーケティング部
所在地	〒108-8230 東京都港区港南2-18-1 JR品川イーストビル14階
連絡先	tel 03-6711-8211
ホームページURL	http://www.daicel.com/
事業概要	セルロイドを出発点とし、現在はセルロース、有機合成、合成樹脂、火工品の四事業を柱として様々な分野で事業を行っており、化学工業の枠を超えて事業領域を拡大している。これからも独自の化学技術をベースに、世界に誇れる「ベストソリューション」実現企業を目指す。

会　社　名	株式会社ダイトク
担当部署	環境事業部
所在地	〒334-0013　埼玉県川口市南鳩ヶ谷4-8-6
連絡先	tel 048-286-6635　　e-mail info-kj@daitoku-p.co.jp
ホームページURL	http://www.daitoku-p.co.jp
事業概要	弊社は産業用に特化したLED照明の企画、製造、販売を行うメーカーです。質にこだわった自社ブランド「エコーディア」を介し、お客様に「快適なあかりと空間」を提供します。高天井用はもとより、水銀灯2Kワット相当のハイパワー投光器、街路灯、デザイン灯と幅広い品揃えで市場ニーズに対応します。

会　社　名	株式会社ダイワ工業
担当部署	品質技術部
所在地	〒394-0004 長野県岡谷市神明町4-1-25
連絡先	tel 0266-22-5758
ホームページURL	http://www.daiwa-kg.co.jp/
事業概要	今年創業44年になるダイワ工業はプリント基板の設計・製造・販売を長年に渡り行っております。その蓄積された技術を活かし独自開発した放熱基盤（DPGA基盤）を使い、LEDなどの放熱に対するご提案、対策にお答えします。消費電力の削減、小型化、低コスト化を実現させ、お客様の満足と地球環境に優しいプリント基板の提供を目指しております。

会　社　名	大和化成株式会社
担当部署	神戸本社 営業第二部
所在地	〒652-0047 神戸市兵庫区下沢通2丁目1-17
連絡先	tel 078-577-1345　(代)
ホームページURL	http://www.daiwafc.co.jp/
事業概要	環境調和型 めっき薬剤、防錆剤の開発、製造販売 ノンシアン銀めっき液　「ダインシルバーシリーズ」 鉛フリー スズめっき液　「DAIN TINGOOD シリーズ」 銀めっき変色防止剤　「ニューダインシルバーシリーズ」

LED照明推進協議会 会員企業一覧

会　社　名	高槻電器工業株式会社
担当部署 所在地 連絡先 ホームページURL	営業部 〒613-0034 京都府久世郡久御山町佐山中道41-1 tel 0774-43-2111　　e-mail eigyo@takatsuki-denki.co.jp http://www.takatsuki-denki.co.jp/
事業概要	1957年に真空管製造に取り組むメーカーとして設立し、以来半世紀にわたりLEDを中心としたEMSに取り組むとともに、これまでの経験を活かして自社オリジナル商品の開発にも力を入れております。ＴＡＫＡＴＳＵＫＩは「モノづくり」で人と社会の未来を拓く企業です。

会　社　名	ＤＮライティング株式会社
担当部署 所在地 連絡先 ホームページURL	営業本部　営業企画部 〒141-0031 東京都品川区西五反田1-13-5 tel 03-3492-4323 http://www.dnlighting.co.jp
事業概要	蛍光ランプ・LEDモジュール・各種照明器具の製造販売、照明その他電気工事の請負及び設計管理。

会　社　名	ＴＳＳ株式会社
担当部署 所在地 連絡先 ホームページURL	営業本部（相模原市） 〒229-1116　神奈川県相模原市中央区清新8-20-25 tel 042-770-9233　　e-mail tss-sales@tssg.com http://tssg.com
事業概要	各種LEDプリント基板製造（業界トップクラス） 植物育成用LED照明機器の開発、販売 各種LEDイルミネーション照明機器の開発、販売（イベント用、パチンコ業界等） LED用COBモジュール

会　社　名	株式会社テクノローグ
担当部署 所在地 連絡先 ホームページURL	営業部　髙木、松嶋 〒215-0021　神奈川県川崎市麻生区栗木2-8-18 tel 044-980-1261 http://www.teknologue.co.jp
事業概要	「技術（TECHNO-）の対話（LOGUE）」のもと、"DO　NEXT！（技術を先駆ける）"を夢に技術者集団が電気と光の計測技術と対話しています。LEDの電気的・光学的測定の開発を通じ、テスターメーカーとしてLED業界へ貢献しています。

会　社　名	株式会社ドゥエルアソシエイツ
担当部署 所在地 連絡先 ホームページURL	大阪本社　製品部　企画課 〒550-0014 大阪市西区北堀江2-2-25　久我ビル南館3F tel 06-6535-7890　　e-mail info@del.co.jp http://www.del.co.jp
事業概要	LED照明・LEDチップの設計、開発、製造 省エネルギーサービス事業 新エネルギー事業

会　社　名	株式会社東芝　セミコンダクター＆ストレージ社
担当部署 所在地 連絡先 ホームページURL	ディスクリート営業推進統括部 〒105-8001 東京都港区芝浦1-1-1 tel 03-3457-3431 http://toshiba.semicon-storage.com/jp
事業概要	当社は半導体のディスクリートからストレージまで幅広く製品を製造しております。当社ではシリコンウェハー上にガリウムナイトライド発光層を結晶成長させる「GaN-on-Si」技術を採用した照明用白色LEDを製品化。照明機器の低消費電力化やコスト削減に貢献しています。

会　社　名	東芝ライテック株式会社
担当部署 所在地 連絡先 ホームページURL	照明事業本部　事業企画部 〒212-8585 川崎市幸区堀川町72番地34 tel 044-331-7551 http://www.tlt.co.jp
事業概要	電球、放電灯、照明器具、配線器具、配電・制御機器およびこれらの関連商品ならびに応用装置、産業用光源機器の開発、製造ならびに販売。

会　社　名	トータルテクノ株式会社
担当部署 所在地 連絡先 ホームページURL	Ｐ＆Ｄ本部 鳥取センター 〒689-1112 鳥取市若葉台南7-5-1（公財）鳥取県産業振興機構2Ｆ tel 0857-32-5200 http://www.t-tc.co.jp/
事業概要	当社は、㈱ＴＢグループ　を中心としたグループ企業の開発部門としてＬＥＤ照明機器を初め、ＬＥＤ表示機やその他製品の開発を担っており、ＬＥＤ照明と組込システムとを融合した商品に重きを置いて開発を行っております。

会　社　名	東部ライテックジャパン株式会社
担当部署 所在地 連絡先 ホームページURL	営業開発部 〒101-0041 東京都千代田区神田須田町1-12-3 tel 03-5577-5760 http://www.dongbulightec.jp/jp/
事業概要	LED一般照明の製造、販売 投光器、防爆灯、道路灯などの産業用、工業用LED照明の製造 LEDベースライトの製造 LED導光板、インテリア照明、広告照明の製造

会　社　名	東レ・ダウコーニング株式会社
担当部署 所在地 連絡先 ホームページURL	営業5部 〒100-0004 東京都千代田区大手町1-5-1 ファーストスクエアビル23階 tel 03-3287-1011（代表） http://www.dowcorning.co.jp/
事業概要	東レ・ダウコーニングは、米ダウコーニングと東レとの合弁会社として1966年に誕生しました。ケイ素関連技術のグローバルリーディングカンパニーであるダウコーニングの一員として、シリコーンを中心とした高機能素材のイノベーションに注力し、お客様のサステナビリティニーズに貢献しています。

LED照明推進協議会 会員企業一覧

会　社　名	株式会社トップランド
担当部署 所在地 連絡先 ホームページURL	開発事業本部 〒427-0033 静岡県島田市相賀2508-23 tel 0547-35-6776 http://www.topland.co.jp/
事業概要	通信機器関連商品・樹脂成形品・工業部品・日用品の製造および販売 金型の設計から製造および販売 商品開発・企画製品の設計およびデザイン

会　社　名	豊田合成株式会社
担当部署 所在地 連絡先 ホームページURL	オプトE事業部　グローバル営業部 〒490-1207 愛知県あま市二ツ寺東高須賀1-1 tel 052-449-5717 http://www.toyoda-gosei.com
事業概要	自動車部品（オートモーティブシーリング製品・機能部品・内外装部品・セーフティシステム製品）、オプトエレクトロニクス製品（LED製品）その他特機製品の製造・販売

会　社　名	株式会社トライテラス
担当部署 所在地 連絡先 ホームページURL	東京本社　開発部 〒101-0025 東京都千代田区神田佐久間町1-10 トライテラスビル3F tel 03-5297-2655　　e-mail info@triterasu.co.jp http://www.triterasu.co.jp
事業概要	トライテラスは、独自の導光技術と最適なLED光源の開発により、これまでにない新しい"あかりのカタチ"を創造して提供しています。照明としてだけではなく空間演出、インテリアデザインとしても広く利用され、お客様のニーズをカタチにしています。

会　社　名	ナイトライド・セミコンダクター株式会社
担当部署 所在地 連絡先 ホームページURL	営業部 〒771-0360 徳島県鳴門市瀬戸町明神板屋島115-7 tel 088-683-7750 http://www.nitride.co.jp
事業概要	UV-LEDの専門メーカーとして355nm～405nmのUV-LEDを世界各国へ販売している。高い技術力により開発されたエピタキシャルウエハを自社の装置で作製し、素子をはじめ、それらを実装したデバイスやライトなどの販売も行っている。

会　社　名	日栄インテック株式会社
担当部署 所在地 連絡先 ホームページURL	開発事業部 照明グループ 〒110-0016 東京都台東区台東3-42-5 日栄インテック御徒町第1ビル9F tel 03-5816-2061　　e-mail led-info@nichieiintec.co.jp http://www.nichieiintec.jp/led/
事業概要	日栄インテックは配管支持金具の大手として培ってきた技術開発力、品質への信頼性をベースに、地球環境やエネルギー環境分野へ事業展開しています。直管型、コンパクト蛍光灯型、水銀灯代替等、多種多様なLED製品のラインアップで、お客様の省エネを総合的に実現致します。

会　社　名	日東電工株式会社
担当部署 所在地 連絡先 ホームページURL	〒530-0011 大阪市北区大深町4番20号 グランフロント大阪 タワーA 33階 http://www.nitto.com/jp/ja/

会　社　名	日本ガーター株式会社
担当部署 所在地 連絡先 ホームページURL	自動機事業部 〒198-0023 東京都青梅市今井3-5-13 tel 0428-31-8215 http://www.garter.co.jp
事業概要	LED分類機、テーピング機の製造販売 LEDチップソーター、チップブローバー、測定機の製造販売 SMD-LED用エンボスキャリアテープ、カバーテープの製造販売 LED高温検査機、WLCSP用外観検査テーピング機の製造販売

会　社　名	パナソニック株式会社エコソリューションズ社
担当部署 所在地 連絡先 ホームページURL	ライティング事業部 〒571-8686 大阪府門真市大字門真1048番地 tel 06-6908-1131（代表） http://panasonic.co.jp/es/
事業概要	『エコソリューションズ社』は、これまで培ってきた「住宅」や「ビル」、「工場」「商業施設」「街」などに快適な環境を創造する技術や、エネルギーをつないでマネジメントする技術を社会に提供することにより、世界の人びとが環境負荷を軽減しつつ快適に暮らせる社会の実現を追求します。

会　社　名	パナソニックセミコンダクターソリューションズ株式会社
担当部署 所在地 連絡先 ホームページURL	事業戦略室 〒899-2500 鹿児島県日置市伊集院町徳重1786-6 tel 099-273-2222 http://www.semicon.panasonic.co.jp/jp/
事業概要	LED素子、LEDパッケージ商品、及びLEDユニット製品の開発製造販売。照明用LEDとしては特に業界初のGaN基板青色LED素子を用いたハイパワー白色LEDを中心に独自のパッケージ技術を組み合わせた、高輝度、高信頼性などの多様なラインナップで市場ニーズに対応。

会　社　名	パルスインターナショナル株式会社
担当部署 所在地 連絡先 ホームページURL	営業部 〒540-0012 大阪市中央区谷町1-3-1 双馬ビル701 tel 06-6092-8255　　e-mail ando@pulse-gp.com http://www.pulse-int.com/
事業概要	弊社は光学プラスチックレンズの製造メーカです。 光学設計・試作品の製作・量産まで一貫した生産システムであらゆるシチュエーションにマッチした配光レンズを提供します。

LED照明推進協議会 会員企業一覧

会　社　名	株式会社ビートソニック
担当部署	NPグループ
所在地	〒470-0112 愛知県日進市藤枝町庚申472-5
連絡先	tel 0561-73-9000
ホームページURL	http://www.beatsonic.co.jp
事業概要	ただ明るくすればいい。そんな照明でなく、「あかり」そのものに触れ親しみ、愉しむ。「あかり」を通じて気持ちに訴えるライティングを提案しています。シェードに込められた影を最大に生かすLED電球「影美人」。LED電球そのものがインテリアとして価値がある「美影」などを手がけています。

会　社　名	日立アプライアンス株式会社
担当部署	照明事業企画部
所在地	〒571-8686 東京都港区西新橋二丁目15番12号 日立愛宕別館
連絡先	tel 03-3506-1528
ホームページURL	http://www.hitachi-ap.co.jp/
事業概要	日立アプライアンスは冷蔵庫や洗濯機、掃除機といった白物家電事業、家庭用と業務用の全ジャンルの空調製品を取り扱う総合事業と、そしてLED照明や太陽光発電、オール電化などの環境分野事業の3つを事業領域とする製造・販売会社です。

会　社　名	ファインポリマーズ株式会社
担当部署	業務部
所在地	〒270-0216 千葉県野田市西高野353
連絡先	tel 04-7196-1141　　e-mail hi-kouyama@fine-polymers.co.jp
ホームページURL	http://www.fine-polymers.co.jp/
事業概要	Epoxy樹脂を主にLED用封止樹脂の開発・製造 台湾子会社にて、東南アジアのLED顧客にLED封止樹脂を製造販売 微細（SMD）LED用の封止樹脂としてハイブリット樹脂の製造販売

会　社　名	株式会社 FEELUX JAPAN
担当部署	東京本社
所在地	〒110-0016 東京都台東区台東1-33-6 セントオフィス秋葉原6F601
連絡先	tel 03-5817-7184　　e-mail feeluxjapan@feelux.co.jp
ホームページURL	www.feelux.com
事業概要	弊社は韓国に本部を持つLED間接照明メーカーで御座います。主にアメリカ、ヨーロッパで営業展開をしておりましたが、近年日本支社を設立し、少しずつ実績を積んでおります。これからもデザイナー様、設計様と協力し、業界に旋風を起こすべく邁進致します。

会　社　名	フューチャーエレクトロニクス株式会社
担当部署	フューチャーライティングソリューションズ
所在地	〒220-8130 横浜市西区みなとみらい2-2-1 横浜ランドマークタワー30階
連絡先	tel 045-224-2155
ホームページURL	http://www.FutureElectronics.com
事業概要	モントリオールを本社とする電子部品商社 LED、モジュール、電源、レンズ、ヒートシンク等、LED照明に関わる部品・製品の取り扱いを行っています。日本法人のオフィスは、横浜・大阪にあります。

会 社 名	FUTURELIGHT株式会社
担当部署 所在地 連絡先 ホームページURL	営業 〒154-0015 東京都世田谷区桜新町1-1-6 201 tel 03-5969-8891　　fax 03-5969-8892 www.futurelight.co.jp
事業概要	LEDモジュールの開発・製造 LED照明開発・製造 LED応用製品企画・製造 ODM,OEM生産（韓国にて生産）
会 社 名	株式会社プロテラス
担当部署 所在地 連絡先 ホームページURL	Luci事業部 〒107-0052 東京都港区赤坂4-13-13 赤坂ビル4F tel 03-6327-7409　　e-mail info@luci-led.jp http://www.luci-led.jp/
事業概要	2004年にLuciブランドを立上げ、曲がる、切れるLED照明「FLEXシリーズ」を中心に、国内外60,000件を超える納品実績がございます。2009年に上海に中国法人、2011年にシンガポール法人も立上げ、グローバルブランドを目指して、海外市場へも挑戦しています。
会 社 名	北明電気工業株式会社
担当部署 所在地 連絡先 ホームページURL	LED事業部 〒194-0011 東京都町田市成瀬が丘2-16-2 tel 042-706-8992 http://www.hokumeidenki.co.jp/
事業概要	LED照明機器の設計開発、製造、販売 トンネル照明LED化ユニット、低ノイズ型シーリングライトなど 安全施設設備(交通信号機・道路標識)設計施工 消防用施設設計施工 屋内・屋外電気設備設計施工 電気通信設備設計施工
会 社 名	マックスレイ株式会社
担当部署 所在地 連絡先 ホームページURL	商品研究所 〒536-0014 大阪市城東区鴫野西2-18-6 tel 06-6968-4545 http://www.maxray.co.jp
事業概要	店舗・商業施設向け照明器具メーカー Co-evolution LIGHTIHともに進化するあかり／私たちが目指す"五感に響く光"は、相互に影響し合うことで新しい姿を生じていくように、時代のニーズと人々の志向をとらえ、技術革新と知恵によって生まれています。
会 社 名	株式会社マルトキ
担当部署 所在地 連絡先 ホームページURL	営業部 〒171-0051 東京都豊島区長崎2丁目31番5号 tel 03-3974-5601 http://www.marutoki.com/
事業概要	米国で開発された「フルスペクトル蛍光ランプ」の輸入販売業者として35年余りの実績を持つ。LEDフルスペクトルランプの開発に着手し、商品化を予定している。

LED照明推進協議会 会員企業一覧

会　社　名	株式会社MARUWA SHOMEI
担当部署	営業部
所在地	〒105-0014 東京都港区芝3-16-13 MARUWAビル
連絡先	tel 03-5484-6041
ホームページURL	http://www.maruwa-shomei.com/
事業概要	自社開発・製造LEDモジュールによる、道路灯・街路灯・防犯灯・トンネル器具・投光器・高天井器具などのLED照明器具開発製造。

会　社　名	三菱エンジニアリングプラスチックス株式会社
担当部署	第1事業本部　マーケティング部
所在地	〒105-0021 東京都港区東新橋1-9-2 汐留住友ビル25F
連絡先	ホームページのお問合せ先にてお願いいたします。
ホームページURL	http://www.m-ep.co.jp
事業概要	三菱エンジニアリングプラスチックス株式会社は、1994年に三菱ガス化学株式会社と三菱化学株式会社のエンプラ統合により誕生した会社で、ポリカーボネート樹脂をはじめ、汎用五大エンプラのすべてを取り揃えた総合エンプラメーカーになります。

会　社　名	三菱化学株式会社
担当部署	情報電子本部　LED照明事業推進室
所在地	〒101-0052 東京都千代田区神田小川町3-20
連絡先	tel 03-5577-3096
ホームページURL	http://www.m-kagaku.co.jp/products/business/electron/ledlight/index.html
事業概要	三菱化学は各種LED関連素材製品を取り扱っています。LED照明事業推進室では高演色LED照明製品を販売、KAITEKIな空間を演出できるLED照明製品を提案しております。

会　社　名	三菱化工機株式会社
担当部署	新事業本部　ＬＥＤグループ
所在地	〒210-8560 川崎市川崎区大川町2-1
連絡先	tel 044-333-5339　　e-mail lightier@kakoki.co.jp
ホームページURL	http://www.lightier.com/index.html
事業概要	HID代替用LED照明の製造販売 HID100W～1500W相当品のLED照明を製造販売しています。

会　社　名	宮地電機株式会社
担当部署	広報・デザイン課
所在地	〒780-8690 高知市本町3丁目3番1号
連絡先	tel 088-871-1115
ホームページURL	http://www.miyajidenki.com
事業概要	宮地電機は、電設資材卸売業を主軸とし照明設計施工、インテリアデザインをはじめとする様々な事業を展開しております。LEDから太陽光発電まで、お客様と環境と、どちらにもお役立ちできる会社を目指してまいります。

会 社 名	ミンテイジ株式会社
担当部署 所在地 連絡先 ホームページURL	企画開発部 〒104-0042 東京都中央区入船2-9-5 ＨＫビル１Ｆ tel 03-3537-7055　　e-mail info@mintage.co.jp http://www.mintage.co.jp
事業概要	小型ランプから高出力の高天井灯まで、様々な用途で使用できる製品を企画・開発・製造・販売している。お客様のご希望に沿ったフルカスタムオリジナル製品や、OEM製品にも対応する。独自に培った技術力とアイデア力を活かし、お客様のニーズに的確にお応えする製品とサービスを提供している。

会 社 名	モリタケ工芸株式会社
担当部署 所在地 連絡先 ホームページURL	本社　営業企画部 〒426-0204 静岡県藤枝市時ヶ谷394-8 tel 054-641-8271　　e-mail info@moritake.ne.jp http://www.moritake.ne.jp
事業概要	当社は、LEDモジュールを小ロットで開発・製造しております。

会 社 名	山勝電子工業株式会社
担当部署 所在地 連絡先 ホームページURL	総務部 〒213-0013 神奈川県川崎市高津区末長1-37-23 tel 044-866-2412 http://www.yamakatsu.co.jp
事業概要	エコ事業部を中心に自社開発製品であるLED照明「YAMA LIGHT」を核に各種LED照明の販売促進を図り、照明機器以外のエコ商品販売にもチャレンジしております。また、お客様に満足して頂く為に提案型の営業販売を心がけ、スペックの改善等を行い、ご満足頂ける商品を提供しております。

会 社 名	株式会社YAMAGIWA
担当部署 所在地 連絡先 ホームページURL	クリエイティブ局 〒105-0014 東京都港区芝3-16-13　MARUWAビル tel 03-5418-9072 http://www.yamagiwa.co.jp/
事業概要	照明器具の企画、開発、製造、販売 照明・インテリア計画の実施 照明・家具の輸入、販売

会 社 名	リードエグジビションジャパン株式会社
担当部署 所在地 連絡先 ホームページURL	第二事業本部 〒163-0570 東京都新宿区西新宿1-26-2 新宿野村ビル18階 tel 03-3349-8502 http://www.reedexpo.co.jp/
事業概要	国際見本市およびセミナーの主催・企画・運営。東京・大阪・幕張など全国の大規模展示場にて、「ライティング ジャパン」、「スマートエネルギーWeek」、「ものづくりワールド」、「東京国際ブックフェア」…など、様々な産業見本市を定期開催。2015年は、新規16本を含む123本を開催。

LED照明推進協議会 会員企業一覧　執筆協力企業一覧

会　社　名	株式会社ルーク
担当部署 所在地 連絡先 ホームページURL	埼玉支店　エコオフィス事業部 〒330-0841 埼玉県さいたま市大宮区東町1-171　石川ビル1F tel 048-640-1231　　e-mail led@rook.co.jp http://www.rook.co.jp
事業概要	オフィスエコ化の必需品、LED照明。導入における最大の問題である導入コストを低めに抑えたリース・レンタルにて提供しています。現状調査から御見積・施工・安心の3年保証付きアフターフォローまでトータルな提案・提供をいたします。

会　社　名	ローム株式会社
担当部署 所在地 連絡先 ホームページURL	ディスクリート・モジュール生産本部 Lighting製造部 〒615-8585 京都市右京区西院溝崎町21 tel 075-321-1385 http://www.rohm.co.jp
事業概要	ローム株式会社は、1958年設立の半導体・電子部品メーカーです。LED素子からドライバIC、電源、モジュール、センサに至るまで取り揃えるロームならではの最適設計技術により、省エネかつ快適な明かりを提供します。オフィス、工場向けなどに実績の高い直管形LED照明やAGLEDブランドのLED照明器具を販売しています。

会　社　名	旭硝子株式会社
担当部署 所在地 連絡先 ホームページURL	事業開拓室 〒100-8405 東京都千代田区丸の内1-5-1 新丸の内ビルディング tel 03-3218-5741 http://www.agc.com/
事業概要	旭硝子株式会社（AGC）を中心とするAGCグループは、建築・自動車・ディスプレイ用ガラス、化学品、その他の高機能材料を世界のお客様に提供するソリューション・プロバイダーです。100年以上に渡る技術革新を行い、現在はおよそ30の国や地域でグローバルに事業を展開しています。

会　社　名	石原ケミカル株式会社
担当部署 所在地 連絡先 ホームページURL	第三営業部　第二課 神戸市兵庫区西柳原町5番26号 tel 078-682-2303 http://www.unicon.co.jp/
事業概要	「電子関連分野」「自動車用品分野」「工業薬品分野」といった3つの分野で、「金属表面処理剤および機器等」「電子材料」「自動車用化学製品等」「工業薬品」といった異なった4つの事業を展開。中でもICチップ部品、コネクター等の「電子部品用めっき液」は、国内トップシェアの技術力を誇る。

会　社　名	奥野製薬工業株式会社
担当部署 所在地 連絡先 ホームページURL	企画開発部　企画開発室 〒538-0044 大阪市鶴見区放出東1-10-25 tel 06-6961-0886 http://www.okuno.co.jp
事業概要	表面処理部門　食品部門　無機材料部門の3部門で構成されており表面処理部門では従来の「美しくする」「錆びにくくする」をめっきの基本として、多機能、高性能、高信頼性の付加価値付与に重点を置き、地球環境の保全にも前向きに取り組んでいます。

執筆協力企業一覧

会 社 名	OPTO SOLUTION TECHNOLOGY CO.,LTD
担当部署	業務部（日本語ＯＫ）
所在地	10477 台灣台北市民權東路3段46號12F-1
連絡先	tel 886-2-2516-6016
ホームページURL	http://www.opto-solution.com.tw/
事業概要	世界最大のLED用リードフレームメーカー一詮精密工業の代理店です。日本国内へのリードフレームの販売だけでなく台湾のLEDやレーザ関連に拘わる技術相談や企業紹介を行う事が出来る。日本語による相談ができる事も大きなメリットであり、大手企業からの信頼度も厚い。

会 社 名	一般社団法人　可視光通信協会
担当部署	事務局
所在地	〒212-0014 川崎市幸区大宮町31-1-1605
連絡先	tel 050-6867-3384　　e-mail info@VLCA.jp
ホームページURL	http://www.vlca.jp/
事業概要	可視光通信システム及びその関連する商品の、新しい産業としての確率を目指している。具体的には可視光システムの規格・標準化の策定、可視光通信システムの市場形成、拡大に向けた普及啓発活動、可視光通信システム利用の通信インフラ整備の促進などを進めている。

会 社 名	一般財団法人　電気安全環境研究所
担当部署	技術規格部
所在地	〒151-8545 東京都渋谷区代々木5-14-12
連絡先	tel 03-3466-5142
ホームページURL	http://www.jet.or.jp/
事業概要	電気製品をはじめとする各種製品や部品・材料等について第三者の立場で規格・基準への適合性評価および認証業務を推進している。また各種マネジメントシステムの認証審査を通じてお客様の経営体質強化にも取り組んでいる。

会 社 名	電気化学工業株式会社
担当部署	電子・先端プロダクツ部門　事業推進部
所在地	〒103-8838 東京都中央区日本橋室町2丁目1番1号（日本橋三井タワー）
連絡先	tel 03-5290-5540
ホームページURL	http://www.denka.co.jp
事業概要	当社では、自社で製品化している有機及び無機素材をベースとした多用な製品群を構築しています。放熱部材では、回路基板（メタルPCB、AlNセラミック基板）、放熱シート・放熱スペーサーを、電子部材用無機部材では世界のトップシェアを誇る溶融シリカフィラー、窒化物系セラミックス及び窒化物系蛍光体等を製造・販売し、優れた開発力と幅広いラインアップでユーザーニーズにお応えします。

会 社 名	モメンティブ・パフォーマンス・マテリアルズ・ジャパン合同会社
担当部署	シリコーングループ　電子材料事業部
所在地	〒107-0052 東京都港区赤坂5-2-20
連絡先	tel 03-5544-3072
ホームページURL	http://www.momentive.jp/
事業概要	機能性シリコーン、シラン、接着剤、エラストマーなど、シリコーンを基礎にした素材ソリューションを幅広い業界に提供している。

■索引

＊太字は用語解説があるページです。

【数字・英字】

BPT(ブラックパネル温度)………**194**
BST(ブラックスタンダード温度)…**194**
CDN………………………………**192**
CIE1931(色度図)………………**180**
CISPR……………………………**22**
COB………………………………**40,41**
CSP………………………………**40,41,42**
duv………………………………**20**
EIA/JEDEC:JESD51……………**181**
EMC(電磁両立性)………………**21**
EMC試験…………………………**187**
EMI(エミッション)試験………**22,189**
EMS(イミュニティ)試験………**187**
EOS(電気的オーバーストレス)……**77**
ESD(静電気放電)………………**77**
FCタイプ…………………………**78,80**
FUタイプ…………………………**78**
InGaN……………………………74
IESNA(IES)……………………**37**
IPコード…………………………**31**,202,213
ISN…………………………………191
PMMA……………………………**125**
SiC基板…………………………**75**
TFタイプ…………………………**78**
UV光………………………………107
WBタイプ…………………………**77**

【あ行】

アイリングモデル………………**51**,151
明るさの基準……………………29
アッベ数…………………………**125**
アルミナ基板……………………116
アレニウスの式…………………**36**
アレニウスプロット……………145,147
アレニウスモデル………………**144**
色温度……………………………**20**
色補正係数………………………176
ウィスカ…………………………**61**
エージング………………………**181**
エポキシ樹脂……………………91,93
演色評価数………………………**21**,179
塩水噴霧試験……………………200
屋外環境試験……………………193
オルソシリケート系黄色蛍光体……86
温湿度加速度試験………………151
温度加速試験……………………143
温度消光現象……………………87
温度変化(サイクル)試験………174

【か行】

化学気相蒸着……………………**90**
可視光通信………………………217
加速試験…………………………138,141
加速劣化試験……………………88

活性化エネルギー	37
過渡熱抵抗	159,161
ガーネット構造	85
ガラスセラミックス	107
ガラスセラミックス基板	116
ガラス転移温度	99
カルボニル基	166
環境温度	63
環境雰囲気	63
共有結合	60
金属コア基板	118
金属ベース基板	112,119
金属マイグレーション	60
金バンプ	81
金錫はんだ	81
偶発故障期	34
屈折率	92
グレア	29
ケース	41
蛍光体	82
結合解離エネルギー	166
結晶粒界	59
原子拡散現象	148
懸濁液	90
高温試験	172
高温・高湿定常試験	173
光源色	179
光密度	53
光子密度	88
光束維持率	21,36,148
光弾性定数	125
光度	177
光量	14
交流点灯方式	67
黒体	20
黒体放射軌跡	20
故障モード	35
故障率	52
固有複屈折値	125

【さ行】

サージ	54
サーマルビア	113
サファイア	75
酸化物系蛍光体	85
サンシャインウエザーメーター	129
酸窒化物蛍光体	86
残留応力	57
脂環式エポキシ樹脂	94
色度座標	20,179
色度図	20
自己吸収補正係数	176
ジャンクション	51
ジャンクション温度	36,49,155
(樹脂材料の)極性	94
樹脂クラック	59
樹脂ケース	101
寿命	134
順方向電圧	158
順方向電流	158
衝撃試験	183
商用電源	54

初期故障期 …………………………34
シリコーン樹脂 ……………………91
振動 …………………………………64
振動試験 …………………………183
(シロキサンの)縮合硬化 …………94
(シロキサンの)ヒドロシリル化硬化…94
人体モデル(HBM) …………………65
シンフィルムタイプ ………………78
スイッチング電源 …………………69
スルーホール配線 ………………118
制限抵抗式 …………………………69
静電気 ………………………………65
生体安全性試験 …………………203
絶対最大定格値 ……………………55
絶縁耐圧試験 ……………………185
セミアディテブ法 ………………118
セラミックス基板 ………………116
セラミックスパッケージ ………106
前駆体 ………………………………90
全光線透過率 ……………………126
全光束 …………………………19,176
線膨張係数 …………………………76
相関色温度 ………………20,29,179
促進耐候性試験 …………………193

【た行】

耐候性試験 ………………………193
耐寒性試験 ………………………172
耐熱性試験 ………………………172
断線モード(オープンモード) ……48
短絡モード(ショートモード) ……48

窒化物蛍光体 ………………………86
直撃雷 ………………………………54
定格逆方向電流 ……………………54
定格順方向電流 ……………………54
定格値 ………………………………54
定格パルス順方向電流 ……………54
定電圧点灯方式 ……………………69
定電流ストレス試験 ……………142
定電流点灯方式 ……………………70
デバイス帯電モデル(CDM) ………65
デューティーサイクル …………157
デューティー制御方式 ……………71
電気用品安全法 …………………215
電流加速試験 ……………………142
等価回路 ……………………………49
突入電流 ………………………24,55

【な行】

内部応力 ……………………………99
熱可塑性透明樹脂 ………………125
熱サイクル試験 ……………………52
熱衝撃試験 …………………………52
熱抵抗 ………………………………50
熱伝導率 …………………… 116,127
熱劣化現象 …………………………87
ノイズ ………………………………71

【は行】

配光特性 …………………… 176,179
ハイワット ……………………40,42
剥離 …………………………………58

バスタブカーブ……………………34
パッケージ帯電モデル(CPM)………65
発光効率……………………………14,20
発光スペクトル……………………83
発色団………………………………167
パルス点灯方式……………………71
はんだクラック…………………59,64
はんだ耐熱試験……………………184
ヒートサイクル……………………122
ヒートシンク………………………111
光化学第一法則(Grotthus-Draperの法則)
　………………………………………164
光化学第二法則
(光化学当量則、Stark-Einsteinの法則)
　………………………………………164
光の取出し効率……………………42
ビスフェノールAグリシジルエーテル…94
ヒドロペルオキシド基……………166
疲労破壊……………………………57
封止材……………………………91,93
封止樹脂……………………………14
フェイスアップタイプ……………78
フェニル基…………………………94
フォトン……………………………53
フリーラジカル……………………166
フリッカ……………………………23
フリップチップタイプ…………78,80
フリップチップ実装………………41
プリプレグ…………………………119
フルアディテブ法…………………118
フレキシブル基板…………………114

放射束………………………………43
飽和熱抵抗…………………………159
防水/防塵性試験……………………202
ボルツマン定数……………………37

【ま行】
マシンモデル(MM)…………………65
摩耗故障期…………………………34
ミドルワット……………………40,41
メタルハライドランプ……………196
モジュール…………………………43

【や行】
ヤング率……………………………60
誘導雷………………………………54

【ら行】
雷サージ……………………………33
落下試験……………………………183
リードフレーム…………………40,41
リジッド基板…………………111,112,113
硫化物蛍光体………………………86
累積損傷則…………………………51
励起…………………………………84

【わ行】
ワイブルプロット…………………146
ワイヤーボンディング……………77
ワイヤーボンドタイプ……………77

50音順

■執筆者一覧(第2版)

豊田合成株式会社	宮本 康司	一般財団法人電気安全環境研究所	藤倉 秀美
アイリスオーヤマ株式会社	本所 翔平	電気化学工業株式会社	米村 直己
旭硝子株式会社	中山 勝寿	東海大学総合科学技術研究所准教授	竹下 秀
石原ケミカル株式会社	藤村 一正	株式会社東芝セミコンダクター&ストレージ社	王 萍
株式会社因幡電機製作所	岸上 泰庸	東芝ライテック株式会社	安田 丈夫
ウシオライティング株式会社	本池 達也	東レ・ダウコーニング株式会社	伊藤 真樹
NECライティング株式会社	石橋 健司	東レ・ダウコーニング株式会社	中田 稔樹
NECライティング株式会社	上路 啓倫	豊田合成株式会社	林 稔真
大塚電子株式会社	大嶋 浩正	パナソニック株式会社	伊藤 信之
奥野製薬工業株式会社	青木 智美	株式会社マルトキ	河本康太郎
OPTO SOLUTION TECHNOLOGY CO.,LTD	野崎 啓	三菱エンジニアリングプラスチックス株式会社	森本 精次
可視光通信協会長(慶應義塾大学大学院教授)	春山真一郎	三菱化学株式会社	吉田 尚史
コニカミノルタ株式会社	新居 照央	ローム株式会社	新井 克弘
サイバネットシステム株式会社	黒木 雅之	モメンティブパフォーマンスマテリアルズジャパン合同会社	高野 祐輔
サンケン電気株式会社	佐野 武志	(特非)LED照明推進協議会	小紫 正樹
シーシーエス株式会社	櫻井 顕治		
シチズン電子株式会社	矢野 美恵	■編集者	
シチズン電子株式会社	若月 俊之	大塚電子株式会社	大嶋 浩正
篠原電機株式会社	加藤 正明	サンケン電気株式会社	佐野 武志
昭和電工株式会社	安田 剛規	篠原電機株式会社	加藤 正明
スタンレー電気株式会社	伊藤多計夫	昭和電工株式会社	安田 剛規
スタンレー電気株式会社	西郷 健彦	スタンレー電気株式会社	西郷 健彦
大光電機株式会社	上野 幸治	スタンレー電気株式会社	伊藤多計夫
株式会社ダイセル	鈴木 弘世	株式会社テクノローグ	星野 房雄
高槻電器工業株式会社	津田 育彦	東芝ライテック株式会社	安田 丈夫
株式会社テクノローグ	星野 房雄	事務局	伊藤 文雄
一般財団法人電気安全環境研究所	井上 正弘	事務局	吉崎 昭朗

■執筆者一覧(第1版)

豊田合成株式会社	松浦 剛	住友化学株式会社	水本 智裕
アピックヤマダ株式会社	井出 修二	株式会社住友金属エレクトロデバイス	築山 良男
岩崎電気株式会社	菅野 俊也	住友電気工業株式会社	中村 孝夫
岩崎電気株式会社	小井土 稔	星和電機株式会社	金森 章雄
NECライティング株式会社	沖村 克行	星和電機株式会社	川崎 貴志
株式会社オプト・システム	山口 隆夫	高槻電器工業株式会社	津田 育彦
オムロン株式会社	清本 浩伸	テクダイヤ株式会社	野口 紀仁
株式会社共進電機製作所	斉藤 武彦	株式会社テクノローグ	金森 周一
小糸工業株式会社	神永 曜命	電気化学工業株式会社	米村 直己
小糸工業株式会社	細野 慎介	株式会社トクヤマ	秋元 光司
サンケン電気株式会社	佐野 武志	鳥取三洋電機株式会社	保本 正美
サンユレック株式会社	宮脇 芳照	豊田合成株式会社	高橋 利典
シーシーエス株式会社	小西 淳	松下電工株式会社	杉本 勝
シャープ株式会社	加藤 正明	株式会社三菱化学科学技術研究センター	木島 直人
昭和電工株式会社	安田 剛規	三菱電線工業株式会社	佐野 真一
信号電材株式会社	秋永 良典	吉川化成株式会社	溝田 豊彦
スタンレー電気株式会社	堀尾 直史	LED照明推進協議会	小紫 正樹

| LED照明信頼性ハンドブック第2版 | NDC549.81 |

2008年2月25日　初版1刷発行
2011年4月15日　初版8刷発行
2015年2月25日　第2版1刷発行

定価はカバーに表示されております。

© 編　者　　LED照明推進協議会
　発行者　　井　水　治　博
　発行所　　日刊工業新聞社

〒103-8548　東京都中央区日本橋小網町14-1
電話　書籍編集部　東京　　03-5644-7490
　　　販売・管理部　東京　　03-5644-7410
　　　　　　　　FAX　　　03-5644-7400
振替口座　00190-2-186076
URL　http://pub.nikkan.co.jp/
e-mail　info@media.nikkan.co.jp

印刷・製本　新　日　本　印　刷

落丁・乱丁本はお取替えいたします。　2015　Printed in Japan
ISBN 978-4-526-07365-6

| 日刊工業新聞社の好評図書 |

有機EL照明

城戸淳二　編著
定価　2,200円+税
A5判・208頁・ISDN　978-4-526-07332-8　C3054

有機ELを応用した照明は、面発光である、薄くて軽く形状に制約がないなど、LED照明にはない長所をもつ。有機ELの基礎、有機EL材料、有機EL発光パネルの製法、有機EL照明器具など、有機EL照明の技術要素をLED照明と比較しながら解説する。

LED植物工場の立ち上げ方・進め方

森　康裕　高辻　正基　著
定価（税込）　2,000円+税
A5判・160頁・ISDN　978-4-526-07057-0　C3050

植物工場を構成する技術の中で最も重要な要素が照明であり、LEDは植物栽培用光源としても多くの長所をもつ。本書は、量産型LED植物工場の設計に関わった著者が植物栽培用LED照明の設計、栽培技術、採算性などを解説するLED植物工場の実務的な入門書。

現場の評価技術者による
実践！電子部品の信頼性評価・解析ガイドブック

沖エンジニアリング株式会社　編　　　今井康雄・味岡恒夫　監修
定価　3,600円+税
A5判・336頁・ISDN　978-4-526-07203-1　C3054

電子機器、電子部品における様々な評価・解析について、経験の少ない技術者、担当者でも最適な評価を得られるように導く入門書。電子部品の信頼性評価、解析のさまざまな現場において、いつでもどこでも役立つ内容となっている。